U0302258

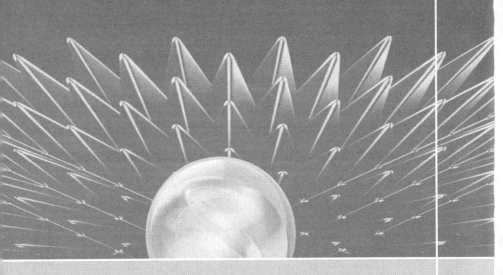

apress®

理解大语言模型：
学习其基本思想和技术

Understanding Large Language Models
Learning Their Underlying Concepts and Technologies

［斯里］蒂姆拉·阿马拉通加　著
Thimira Amaratunga

何　明　邹明光　董经纬　译

西安交通大学出版社
XI'AN JIAOTONG UNIVERSITY PRESS

First published in English under the title

Understanding Large Language Models:Learning Their Underlying Concepts and Technologies ,
by Thimira Amaratunga

Copyright © Thimira Amaratunga,2023

This edition has been translated and published under licence from Apress Media,LLC,part of
Springer Nature.

本书中文简体字版由施普林格·自然集团旗下的 Apress 传媒公司授权西安交通大学出版社
独家出版发行。未经出版者预先书面许可,不得以任何方式复制或发行本书的任何部分。

陕西省版权局著作权合同登记号 图字 25-2024-153

图书在版编目(CIP)数据

理解大语言模型:学习其基本思想和技术 /(斯里)
蒂姆拉·阿马拉通加著;何明,邹明光,董经纬译.
西安:西安交通大学出版社,2024.8.—(人工智能
与机器人系列).— ISBN 978-7-5693-3881-2

Ⅰ. TP391

中国国家版本馆 CIP 数据核字第 20247Z35J3 号

书　　名	理解大语言模型:学习其基本思想和技术	
	LIJIE DAYUYAN MOXING:XUEXI QI JIBEN SIXIANG HE JISHU	
著　　者	[斯里]蒂姆拉·阿马拉通加	
译　　者	何　明　邹明光　董经纬	
责任编辑	李　颖	
责任印制	张春荣　刘　攀	
责任校对	王　娜	
封面设计	任加盟	
出版发行	西安交通大学出版社	
	(西安市兴庆南路 1 号　邮政编码 710048)	
网　　址	http://www.xjtupress.com	
电　　话	(029)82665357　82667874(市场营销中心)	
	(029)82668315(总编办)	
传　　真	(029)82668280	
印　　刷	陕西思维印务有限公司	
开　　本	890 mm×1240 mm　　1/32	印张 5.625　　字数 111 千字
版次印次	2024 年 8 月第 1 版　　2024 年 8 月第 1 次印刷	
书　　号	ISBN 978-7-5693-3881-2	
定　　价	75.00 元	

如发现印装质量问题,请与本社市场营销中心联系。
订购热线:(029)82665248　(029)82667874
投稿热线:(029)82665397
读者信箱:banquan1809@126.com

版权所有　侵权必究

献给所有突破知识边界的人。

Dedicated to all who push the boundaries of knowledge.

前　言

　　如今,我们很难找到一个没有听说过 ChatGPT 的人,这款人工智能聊天机器人已席卷全球。ChatGPT 与其竞争对手们(如谷歌公司的 Bard、微软公司的必应聊天平台等)都属于人工智能广泛领域中的一部分,即大语言模型(large language models,LLMs)。大语言模型是人工智能的最新前沿技术,也是近期学术界在自然语言处理(natural language processing,NLP)和深度学习(deep learning,DL)领域的研究成果。然而,这类应用的广泛普及也导致人们产生了一些担忧和误解,因为很多人不清楚这类应用的真实情况。

　　理解这项新技术背后的思想(包括它是如何演变的,以及如何解决人们对它产生的误解和担忧),对于充分发挥其潜能来说至关重要。因此,本书旨在让读者能够真正地全面了解大语言模型。

　　本书可作为学习大语言模型的教材使用。通过阅读本书,读者能够:

- 学习人工智能和自然语言处理发展到大语言模型的历史;
- 学习自然语言处理的核心思想,有助于了解大语言模型;
- 了解 Transformer 模型架构(自然语言处理领域研究的转折点);

- 了解大语言模型的特别之处；
- 理解流行的大语言模型应用的架构；
- 了解使用大语言模型所带来的担忧、挑战、误解及机遇。

　　这不是一本编程书。然而，当您迈出学习大语言模型的第一步时，本书将为您理解大语言模型打下坚实基础。

致　谢

在跟踪人工智能领域最新发展的过程中，我产生了写一本书的想法。创作本书的初衷是我想帮助其他寻求这些知识的人。虽然这是我写的第四本书，但为完成本书我付出了大量的精力。幸运的是，一路上我得到了许多人的支持，在此对他们表示衷心的感谢。

首先，我要感谢 Apress 公司的团队成员：斯姆里蒂·斯里瓦斯塔瓦（Smriti Srivastava）、索米亚·索杜尔（Sowmya Thodur）、劳拉·贝伦德森（Laura Berendson）、沙乌尔·埃尔森（Shaul Elson）、马克·鲍尔斯（Mark Powers）、约瑟夫·夸特拉（Joseph Quatela）、卡萨姆·谢赫（Kasam Shaikh）、林塔·穆拉利达兰（Linthaa Muralidharan），以及参与本书的编辑和出版的所有人。

其次，感谢我亲爱的妻子普拉米塔（Pramitha），谢谢你从始至终给予我的鼓励和动力。写作和完善本书花费了很长的时间，如果没有你的支持，我不可能完成这项工作。

还要感谢多年来给予我指导的培生集团的同事和管理者，谢谢你们的指导和鼓励。

最后，感谢我的父母和姐姐，谢谢你们这些年来给予我无尽的支持。

作者简介

　　蒂姆拉·阿马拉通加（Thimira Amaratunga）是培生集团斯里兰卡公司的高级软件架构师，拥有超过 15 年的行业经验。他也是人工智能、机器学习、教育行业的深度学习和计算机视觉领域的发明家、作家和研究员。

　　蒂姆拉获得斯里兰卡科伦坡大学计算机科学理学硕士学位和信息技术学士学位。他也是一名经过 TOGAF（The Open Group Architecture Framework，开放群组架构框架）认证的企业架构师。

　　他获得了三项在线学习平台方面（动态神经网络和语义学领域）的专利授权，出版了三本关于深度学习和计算机视觉的书。

　　读者可通过领英与他联系：https://www.linkedin.com/in/thimira‑amaratunga。

技术审稿人简介

卡萨姆·谢赫(Kasam Shaikh)是印度人工智能领域的杰出人物,是印度首批四位微软公司人工智能领域最有价值的专家之一,也是全球知名的人工智能专家。目前,他担任凯捷(Capgemini)公司的高级架构师。作为一名作家,他有着令人瞩目的成就,曾写过五本关于云计算和人工智能技术的畅销书。除了写作之外,卡萨姆也是一名微软认证培训师和有影响力的YouTube①科技博主(@mekasamshaikh)。他还是最大的在线云计算人工智能社区 DearAzure 的引领者。此外,他还在知识共享方面做出了卓越的贡献,在 Microsoft Learn(免费 IT 技术培训平台)上也扮演着重要的角色。

在人工智能领域,卡萨姆是倍受尊敬的生成式人工智能行业的专家,也是一名高级云架构师。他积极推动采用零代码和Azure OpenAI 解决方案,为混合云和跨云互联的实践奠定了坚实的基础。卡萨姆具备全面的技术和深厚的专业知识,是高速

---

① 在线视频分享和观看平台。——译者注

发展的技术领域的宝贵人才,为云计算和人工智能的发展做出了重大贡献。

总之,卡萨姆是一位多领域专家,在技术专长和知识传播方面都表现出色。他的贡献涵盖了写作、培训、社区引领、公开演讲和系统架构等方面,他在云计算和人工智能领域是名副其实的杰出人物。

目　录

第3章 Transformer 模型

第4章 大语言模型大在哪?

第 1 章

绪　论

2022 年末有报道称，一种新的人工智能具有与人类相似的 P.1① 对话技能和似乎无限的知识。它不仅能够回答关于科学、技术、历史和哲学等大量学科领域的问题，还能够对给出的答案进行详细阐述，并进行有意义的后续对话。

它就是 ChatGPT，一款由 OpenAI 公司开发的大语言模型聊天机器人。由于 ChatGPT 已经在文本和代码的庞大数据集上进行了训练，因此使它具备了既能生成代码也能创造文本内容的能力。ChatGPT 针对对话进行了优化，能够将后续提示和回复作为上下文语境予以考虑，因此用户可以通过引导对话来生成所需的内容。

由于这些功能是向公众开放的，因此 ChatGPT 迅速获得了极大的人气，成为史上增长最快的消费类应用软件。自发布以来，ChatGPT 一直被主流新闻媒体报道，技术和非技术行业都

① 　边码为英文原书页码，供索引使用。——编者注

对其进行了评论，甚至在政府文件中也被提及。公众对 Chat-GPT 展现出前所未有的兴趣。ChatGPT 的可用性对许多行业产生了直接或间接的重大影响。一方面，人工智能及其功能点燃了人们的热情；另一方面，人们也对其产生了担忧。

P.2　　尽管 ChatGPT 是最受欢迎的大语言模型产品，但它只是大语言模型功能的冰山一角。得益于深度学习、自然语言处理的发展及数据处理能力的日益增强，大语言模型成为生成式人工智能的最前沿技术。该技术自 2018 年以来发展一直很活跃。ChatGPT 不是第一个大语言模型，事实上，它甚至不是 OpenAI 公司的第一个大语言模型。然而，从目前来看 ChatGPT 是对公众影响最大的大语言模型。ChatGPT 的成功也引发了一波对话式人工智能平台（如谷歌公司的 Bard 和 Meta AI 公司①的 LLaMA）的竞争，进一步推动了该技术的发展。

对于任何新技术而言，并非所有人都能真正理解它的实质，大语言模型也不例外。此外，尽管许多人对大语言模型及其能力感到兴奋，但也有人表示担忧。这些担忧包括人类的某些工作被人工智能取代、人类的创造性遭到破坏、信息伪造及超人工智能带来的人类存亡风险等。然而，这其中的部分担忧源于人们对大语言模型的误解。大语言模型确实存在现实的潜在风险，但这与大多数人所考虑的风险可能不一样。

为了理解大语言模型的益处和风险挑战，我们首先必须了

---

① Meta 是脸书（Facebook）在 2021 年更名后的公司名称，Meta AI 则是其专注于人工智能研究的部门，在第 5 章也有介绍。——译者注

解大语言模型的工作原理以及促成大语言模型发展的人工智能历史。

1.1 人工智能简史

人类一直对智能机器很感兴趣。人类通过智能行为构建这种机器(或人工构造物),使之能够执行那些通常需要人类智能才能完成的任务。这一想法比计算机概念出现的时间还要早,关于这种构想的文字记载可以追溯到 13 世纪。到 19 世纪时,智能机器的想法引出了形式推理、命题逻辑和谓词演算等概念,这些概念为建立之后人工智能领域的基础理论奠定了重要基础。

1956 年 6 月,许多热衷于智能机器学科研究的顶尖数学家 P.3
和科学家参加了在美国新罕布什尔州的达特茅斯学院举行的一次会议。本次会议(达特茅斯夏季人工智能研究项目)开启了人工智能这一新的研究领域。会议上还介绍了由艾伦·纽厄尔(Allen Newell)、赫伯特·A. 西蒙(Herbert A. Simon)和克利夫·肖(Cliff Shaw)共同开发的"逻辑理论家"——它现在被认为是第一款人工智能程序。"逻辑理论家"的设计旨在模仿人类解决逻辑问题的方法,它能够证明《数学原理》(*Principia Mathematica*)①前 52 个定理中的 38 个。

---

① 由阿尔弗雷德·诺思·怀特黑德(Alfred North Whitehead)和伯特兰·罗素(Bertrand Russell)合著的一本关于数学原理的书。

　　此后，人工智能领域扩展为若干个子领域，如专家系统、计算机视觉、自然语言处理等。这些子领域之间往往存在交叉重叠部分，相辅相成。在接下来的数年里，人工智能经历了几波乐观期，之后则是失望情绪和研究资金的减少。这些时间段被称作人工智能寒冬，而每一次寒冬之后研究人员又发现了新方法、取得了成功、获得新的研究资金和人们的关注，促进行业再次迎来新的发展。

　　当时人工智能研究人员面临的主要障碍之一是对智能的理解不完整。即使在今天，我们也无法完全理解人类智慧的运作方式。在 20 世纪 90 年代末，研究人员提出了一种新的方法：与其尝试将智能行为编码到系统中，不如构建一种自身智能不断增长的系统。这种方法开创了一个新的人工智能子领域——机器学习（machine learning，ML）。

　　机器学习的主要目标是为机器提供无须明确编程即可学习的能力，希望这些系统构建完毕后，当它们接触到新的数据时，能够自我进化和适应。其核心思想是学习者能够利用经验进行泛化。给予学习者（正在进行训练的人工智能系统）一组训练样本，它必须能够在此基础上建立一个通用模型，并能以较高的准确率对新的实例进行判断。这种机器学习的训练方法主要有三种：

- 监督学习：给系统提供一组标记的实例（训练集），要求系统在此基础上构建出一个通用模型，可用于对其他尚未遇到的实例进行判断。

- 无监督学习:给系统提供一组未标记的实例,要求系统找出其中的模式。这种方法是发现隐藏模式的理想选择。
- 强化学习:系统可以执行任意动作,并根据该动作对给定环境的适合程度获得奖励或惩罚。随着时间的推移,系统必须学会在给定环境下哪些动作获得的奖励最多。

机器学习也可以组合使用这些主流的学习方法。例如半监督学习,其使用少量标记的实例和大量未标记的数据进行训练。

基于这些机器学习的基本概念,可以引入几种模型,作为训练系统和学习技术的方法。例如,人工神经网络(受到大脑神经元工作方式启发的模型)、决策树(使用树状结构对决策和结果进行建模的模型)、回归模型(使用统计方法来建立输入变量和输出变量的映射关系的模型)等。事实证明,这些模型在计算机视觉和自然语言处理等领域非常有效。

机器学习的成功造就了人工智能研究和应用领域十多年的稳步发展。然而此后直至 2010 年左右,进一步推动这些领域发展的其他因素几乎不存在了。

构建人工智能模型,尤其是神经网络等机器学习模型,其计 P.5 算量一直是非常大的。在 21 世纪第二个十年初期,随着更强大、更高效的处理器的出现,计算能力开始变得更便宜、更普及。此外,还出现了有利于人工智能模型训练的专业硬件平台,从而可以对更复杂的模型进行评估。与此同时,数据存储和处理的成本持续下降,使得采集和处理大数据集变得更加切实可行。最后,医学领域的进步使我们更加了解大脑的工作原理。正是由于这些新知识，再结合处理能力和数据的可用性，使得研究人员可以构建和训练更复杂的神经网络模型。

研究发现，大脑利用简单的概念来构建复杂的概念，使用层次聚类方法来获取知识。大脑从原始输入中识别较低级别的模式，然后在这些模式的基础上学习多级别的高级特征。当以机器学习来建模时，这项技术称为分层特征学习（hierarchical feature learning）。此类系统可以通过多级抽象来自动学习复杂特征，且只需极少的人工干预。当把分层特征学习应用于神经网络时，将得到具有许多特征学习层的深度网络。因此，这种方法被称为深度学习（deep learning）。

深度学习模型不会尝试立即理解整个问题。它会逐个查看输入，以便得到较低级别的模式/特征。然后，利用这些较低级别的特征，通过多个层次来逐步识别较高级别的特征。因此，深度学习模型可以从简单的模式逐步构建学习复杂的模式，从而能够更好地理解世界。

由于经过训练的深度学习模型在执行任务时取得了巨大成功，因此研究人员开发了许多深度学习结构，如卷积神经网络（convolutional neural network，CNN）、堆叠式自编码器、生成式对抗网络（generative adversarial network，GAN）、Transformer 模型等。这些深度学习结构获得成功后，研究人员将其应用于许多其他人工智能领域，如计算机视觉和自然语言处理。

2014 年，随着变分自编码器和生成式对抗网络等模型的进步，深度学习模型能够根据训练中学习到的知识生成新的数据。

2017 年,随着 Transformer 深度学习结构的推出,这种能力得到了进一步的提升。这些最新一代的人工智能模型被称为生成式人工智能(generative AI),经过短短的几年时间,生成式人工智能就能够生成图像、艺术、音乐、视频、代码和文本等。

　　这就是大语言模型的用武之地。

1.2　大语言模型所处的地位

　　大语言模型是自然语言处理、深度学习概念和生成式人工智能模型相结合的结果。图 1-1 显示了大语言模型在人工智能领域所处的地位。

P.7

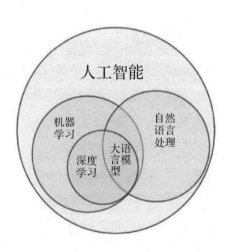

图 1-1　大语言模型在人工智能领域所处的地位

1.3 小结

在本章中，我们回顾了人工智能的历史及它是如何进化的。我们还探讨了大语言模型在更广泛的人工智能领域中所处的地位。在接下来的几个章节，我们将了解自然语言处理的演变及其核心思想、Transformer 的架构和大语言模型的独特之处。

第 2 章

自然语言处理的前世今生

自然语言处理是人工智能和计算语言学的一个分支。自然 P.9
语言处理的重点是使计算机能够以一种既有意义又有用的方式
来理解、诠释和生成人类语言。自然语言处理的主要目标是消
除人类语言和计算机理解之间的隔阂,使机器能够处理、分析和
响应自然语言数据。

自然语言处理是大语言模型(large language models,
LLMs)的核心。如果没有多年来通过自然语言处理领域的研究
发展出的概念和算法,大语言模型就不可能存在。因此,要理解
大语言模型,我们需要先理解自然语言处理的思想。

2.1 自然语言处理的历史

自然语言处理的思想可以追溯到 20 世纪 50 年代。1950

年,艾伦·图灵(Alan Turing)发表了一篇题为《计算机器与智能》("Computing Machinery and Intelligence")的文章,讨论了一种判断机器是否表现出类人智能的方法。人们普遍认为,这种被称为图灵测试的提议激励了早期自然语言处理研究人员尝试去理解自然语言。

　　图灵测试是指人类评估者分别与一个人和一台机器进行交互,且事先并不知道交互对象是人还是机器。评估者的任务是仅根据交互对象对问题或提示的回答,来确定哪个是机器、哪个是人。如果机器能够成功地让评估者相信它是人,那么它就通过了图灵测试。因此,图灵测试为人工智能研究提供了一个具体且可度量的目标。图灵提出的方法引发了人们的兴趣和讨论,即我们是否可能创造出能够像人类一样用自然语言理解和交流的智能机器。这促使自然语言处理成为人工智能领域内的一个基础研究方向。

　　1956 年,随着人工智能研究领域的创立,自然语言处理也成为人工智能中一个既定的研究领域,使得自然语言处理成为人工智能研究中最早的子领域之一。

　　20 世纪 60 年代和 70 年代,自然语言处理的研究主要依赖于基于规则的系统。最早的自然语言处理程序是由约瑟夫·魏岑鲍姆(Joseph Weizenbaum)于 1964 年至 1966 年间开发的"伊丽莎"聊天机器人。"伊丽莎"使用模式匹配和简单规则来模拟用户和心理治疗师之间的对话。尽管"伊丽莎"的词库和规则集极其有限,但它仍然能够表达出类人的交互。艾伦·纽厄尔和赫伯特·A. 西蒙在 20 世纪 70 年代开发了通用问题求解器 (general problem solver, GPS) 系统, 当该系统与手段-目的分析法一起使用时, 也展示出了一些语言处理能力。

20 世纪 70 年代和 80 年代, 自然语言处理研究开始把语言学理论和原理结合起来, 从而更好地理解语言。诺姆·乔姆斯基 (Noam Chomsky) 提出的关于生成语法和转换语法的理论影响了早期的自然语言处理工作。这些方法的目标是利用语言学知识和形式语法规则来理解和处理人类语言。

以下是基于语言学的自然语言处理方法的一些关键点。

形式语法

P. 11

基于语言学的自然语言处理极度依赖形式语法, 如上下文无关语法和短语结构语法。这些形式语法提供了一种表达自然语言句子的层次结构和规则的方法。

转换语法与生成语法

诺姆·乔姆斯基的转换语法与生成语法理论对早期的自然语言处理研究产生了重要影响。这些理论有个共同的关注点, 即语言中的句子是由底层的抽象结构生成的, 而转换规则则支配着这些结构之间的关系。

句法解析

句法解析, 也称为句法分析, 是基于语言学的自然语言处理的一个重要方面。句法解析需要将句子分解成语法组成部分并确定其层次结构。研究人员探索了多种解析算法来分析句子的语法结构。

语境与语义

基于语言学的方法旨在理解句子的语境与语义，而不仅仅是只了解句子的表面结构。处理时的重点在于系统需要推理词和短语的语义关系，从而获取它们的含义。

P. 12

语言理解

基于语言学的自然语言处理系统会尝试将句法和语义知识结合起来，以便能够对语言有更深入的理解。这种理解对于更高级的自然语言处理任务来说至关重要，例如回答问题和理解自然语言。

知识工程

在许多情况下，这些方法需要人类参与知识工程，即其中的语言规则和结构必须由人类专家明确界定。这个过程非常耗时，且限制了自然语言处理系统的可扩展性。

然而，基于语言学的方法虽然从理论上看具有吸引力，且它们有助于分析语言结构，但这些方法也存在一些局限性。自然语言十分复杂，语言规则也存在大量特例，因此仅基于形式语法来开发全面而稳健的自然语言处理系统具有挑战性。

鉴于存在这些局限性,尽管语言学理论继续在塑造自然语言处理领域的过程中发挥作用且不断得到补充,但在某些情况下,它们已被数据驱动的方法和统计方法所超越。

20 世纪 90 年代至 21 世纪初,自然语言处理的研究重点从基于规则和语言学驱动的系统转移到了数据驱动的方法。这些数据驱动的方法利用大量的语言数据来构建概率模型,在各类自然语言处理的任务上取得了重大进展。

统计自然语言处理方法使用了几种模型和应用,如下文所示。

概率模型
P. 13

统计方法依赖概率模型来处理和分析语言数据。这些模型根据不同语言词库在大型注释语料库中的出现频率,为其分配不同的概率。

隐马尔可夫模型

隐马尔可夫模型(hidden Markov model,HMM)是一种早期用于自然语言处理的统计模型。这种模型用于处理词性标注和语音识别之类的任务。隐马尔可夫模型使用概率分布来模拟隐藏状态之间的转换,其中隐藏状态表示的是隐含的语言结构。

统计语言模型

统计语言模型在当时比较流行,常用的有 N 元语言模型。

这种模型在给定前 $N-1$ 个词时可以预测下一个词出现的可能性。对于语言建模、机器翻译和信息检索等任务来说，N 元语言模型简单而有效。

最大熵模型

最大熵(maximum entropy，MaxEnt)模型广泛应用于各种自然语言处理任务中。这种模型具有灵活的概率框架，可以结合多个特征和约束条件进行预测。

P.14 ## 条件随机场

条件随机场(conditional random field，CRF)在序列标记任务中比较受欢迎，如词性标注和命名实体识别。对于给定的输入特征，条件随机场可以对标签的条件概率进行建模。

大型注释语料库

统计方法利用大型注释语料库进行训练和评估。在估计概率模型中使用的概率和评估自然语言处理系统的性能时，这些语料库是必不可少的。

词义消歧

词义消歧(word sense disambiguation，WSD)任务也应用了统计方法，其目标是根据上下文来确定多义词的正确含义。为了实现这一目标，研究者探索了监督学习和无监督学习两种方法。

机器翻译

统计机器翻译(statistical machine translation,SMT)系统应运而生,这类系统使用统计模型可以将文本从一种语言翻译成另一种语言。基于短语和层次架构的模型是统计机器翻译系统中常见的方法。统计机器翻译系统开始超越基于规则的方法,已显著提高了翻译质量。

信息检索

信息检索任务也应用了统计技术,其根据文档与用户查询内容的相关性来对文档进行排序。

尽管统计方法的前景大有可为,但它们仍然面临着一系列挑战,如数据稀疏性、如何处理语言中的长程依赖及如何捕获词之间复杂的语义关系。

如前文所述,在 21 世纪的前二十年里,机器学习技术的应 P. 15 用显著增加。机器学习算法、计算能力和大型文本语料库的可用性的巨大进步都出现在这一时期,这些都推动了自然语言处理的研究和应用的发展。

在此期间,一些关键的进展使得基于机器学习的自然语言处理开始兴起,如下文所示。

统计方法

当时,统计方法在自然语言处理中占主导地位。研究人员开始使用概率模型和机器学习算法来替代手工制作的基于规则的系统，以解决自然语言处理任务。诸如隐马尔可夫模型、条件随机场和支持向量机（support vector machine，SVM）等技术越来越受欢迎。

大型文本语料库的可用性

互联网和数字化的兴起使得海量的文本数据变得可用。研究人员现在可以在大型文本语料库上训练机器学习模型，从而极大地提高了自然语言处理系统的性能。

自然语言处理任务的监督学习

监督学习广泛应用于各种自然语言处理任务。对于词性标注、命名实体识别（named entity recognition，NER）、情感分析和机器翻译等任务，有了标记数据的支持，研究人员可以有效地训练机器学习模型。

P.16　## 命名实体识别

基于机器学习的命名实体识别系统（可以识别文本中的人名、组织名和地名等）变得更加准确，被广泛使用。该系统对于信息提取和文本理解任务来说至关重要。

情感分析

随着人们对社交媒体和产品评论中所表达的公众意见和情

感越来越感兴趣,情感分析(也称观点挖掘)的重要性也逐渐凸显。

词嵌入简介

词嵌入模型(如 Word2Vec 和 GloVe)可以提供词库的稠密向量表示,这彻底改变了自然语言处理领域。这种嵌入捕获了词之间的语义关系,提高了各类自然语言处理任务的性能。

深度学习与神经网络

深度学习和神经网络的出现带来了自然语言处理方法的范式转变。像循环神经网络(recurrent neural networks,RNNs)、长短期记忆(long short-term memory,LSTM)和卷积神经网络(convolutional neural networks,CNNs)这样的模型在序列到序列任务、情感分析和机器翻译方面的性能得到显著提高。

在现实世界的应用中部署

P. 17

基于机器学习的自然语言处理系统在各个行业都有实际应用,例如客户支持聊天机器人、虚拟助手、情感分析工具和机器翻译服务等。

在 21 世纪的前两个十年里,统计方法、大型数据集和深度学习的结合为基于机器学习的自然语言处理系统的发展铺平了道路。

到了 21 世纪第二个十年末,出现了像 ELMo、生成式预训练 Transformer(generative pre-trained Transformer,GPT)模型和基于 Transformer 模型的双向编码器表示(bidirectional encoder representations from Transformers,BERT)这样的预训练语言模型。这些模型利用大量数据进行预训练,并针对特定的自然语言处理任务进行微调,在多种基准测试中达到了当时最佳的水平。这些成果促使语言理解、文本生成和其他自然语言处理任务取得重大进展,使自然语言处理成为许多现代应用和服务的重要组成部分。

2.2　自然语言处理的任务

自然语言处理的主要目标是消除人类语言和计算机理解之间的隔阂。历史上自然语言处理曾被应用于多项与语言相关的任务。

• 文本分类:给一段文本打上标签或类别。例如,电子邮件分类(将邮件分为垃圾邮件和非垃圾邮件),情感分析(将情感分为积极、消极和中性),主题分类等。

• 命名实体识别:对文本中提到的实体,如人名、组织名、地名、日期等进行识别和分类。

• 机器翻译:自动地将文本从一种语言翻译成另一种语言。

• 文本生成:生成类似人类的文本,形式包括聊天机器人、自动生成内容及文本摘要。

• 语音识别:将语音转换成书面文本。

- 文本摘要:自动生成长文本的简洁、连贯的摘要。
- 回答问题:用自然语言来准确回答问题。
- 语言建模:预测给定的词序列在某种语言中出现的可能性。

目前自然语言处理应用的基础就是这些任务中的一个或多个。

2.3　自然语言处理的基本概念

为了实现前文所述的任务,自然语言处理运用了一系列重要的概念。最常见的包括以下几个。

- 词元化(也称为分词):词元化是将文本分解为更小的单元(如单词、子词)的过程。这些较小的单元被称为词元,词元化是大多数自然语言处理任务中必不可少的预处理步骤。
- 去除停用词:停用词是常见的词(例如,英文中的 the、is、and),它们在文本中频繁出现,但几乎没有任何语义。去除停用词可以减少噪声,提高计算效率。
- 词性标注:词性标注是指对句子中的每个词进行语法标注(如名词、动词、形容词),以表明其词性。 P. 19
- 句法解析:句法解析是指分析句子的语法结构,以理解词和短语之间的关系。依存关系解析和成分解析是常见的解析技术。
- 词嵌入:词嵌入是词的稠密向量表示形式,用于捕获词之间的语义关系。Word2Vec 和 GloVe 是流行的词嵌入模型。

- 命名实体识别：命名实体识别是对文本中的命名实体进行识别和分类的过程，如人名、组织名、地名、日期等。

- 词干提取和词形还原：词干提取和词形还原是一种将词简化为基本形式或词根形式的技术。例如，英文中的 running、runs 和 ran 都可能被词干提取或词形还原为 run。

- 语言建模：语言建模可以预测给定词序列在某种语言中出现的可能性。语言建模在各种自然语言处理任务（如机器翻译和文本生成）中发挥着至关重要的作用。

此外，自然语言处理还采用了一些用于特定任务的技术，如序列到序列模型、注意力机制和迁移学习机制等。

对其中的一些概念进行深入研究，可以使我们更好地了解大语言模型内部的工作原理。

P.20 ## 词元化

词元化是将文本或字符序列分解为更小的单元即词元的过程。在自然语言处理中，词元通常是指构成语言处理任务基本模块的单词或子词。在各种自然语言处理应用对文本进行处理前，词元化是一个必不可少的预处理步骤。

举一个例子："我喜欢自然语言处理！"

对词级别词元化后输出如下：

["我"，"喜欢"，"自然"，"语言"，"处理"]。

在本例中，词元化过程将句子拆分为若干个词，并去掉标点符号。句子中的每个词都成为一个独立的词元，形成一张词元列表。

可以采用多种方法进行词元化,词元化器的选择取决于特定的自然语言处理任务和文本数据的特征。一些常见的词元化技术包括:

- 空白词元化:根据空白字符(包括空格、制表符、换行符)将文本拆分为词元。这是一种简单且常见的英语文本处理方法,可以处理大多数情况,但可能无法很好地处理特殊情况,如带有连字符的词或词的缩写。

- 标点符号词元化:根据标点符号(如句点、逗号、感叹号等)将文本进行拆分。在处理具有显著标点符号的文本时,这种方法会很有用,但在处理英文缩写或其他特殊情况时可能会出现问题。

- 词级别词元化:这是一种更高级的词元化器,它使用特定的语言规则将文本拆分为词。这种方法可以更准确地处理语言的特殊情况,如带有连字符的词、词的缩写及标点符号。

- 子词词元化:通过字节对编码(byte-pair encoding,BPE)和 SentencePiece 这样的子词词元化方法将词划分为子词单元,使模型能够更有效地处理词库以外的词和罕见的词。

词元化器的选择取决于自然语言处理任务的具体应用场景和需求。要将原始文本转化为可以由自然语言处理模型和算法处理、分析的格式,词元化是第一步。

P.21

语料库与词库

在自然语言处理领域,语料库是指大量文本文档或话语的集合,这些文档或话语被用作语言分析和模型训练的数据集。语料库是各种自然语言处理任务的主要数据来源,研究人员和从业者通过语料库来研究语言模式、提取语言信息及开发语言模型。

根据具体的自然语言处理任务或研究目标,可以使用不同形式的语料库。一些常见的语料库类型包括:

- 文本语料库:文本语料库是书面文本文档的集合,包括书籍、文章、网页、电子邮件和社交媒体的帖子。文本语料库通常用于执行语言建模、情感分析、文本分类和信息检索等任务。

- 语音语料库:语音语料库由口语的录音或转录构成。语音语料库用于执行语音识别、说话者识别和情感检测等任务。

- 平行语料库:平行语料库是包含多种语言文本的语料库,这些文本在句子或文档层面是对应的。平行语料库被用于机器翻译和跨语言任务中。

- 树库:树库是带注释的语料库,其中包含句法解析树,用来表示句子的语法结构。树库可用于执行句法解析和基于语法的机器学习等任务。

- 多模态语料库:多模态语料库是指包含文本和其他类型数据(如图像、视频或音频)的语料库。它们被用于执行从多种模态理解和生成信息的任务。

高质量语料库的建立和管理对于各种自然语言处理应用的成功来说是必不可少的,因为语言模型的性能和泛化能力在很大程度上取决于它们训练所用数据的质量和多样性。

自然语言处理中的词库是指文本语料库中的一组独特的单词或词元的集合。它是语言处理的一个基本组成部分,因为其定义了模型或系统可以理解和操作的词的完整列表。

处理文本数据时,通常执行以下步骤来构建词库。 P.23

1.词元化

根据使用的词元化策略,将文本拆分为单独的词元(可以是单词、子词或字符)。

2.过滤和规范化

应用常见的预处理步骤,如将英文大写文本转换为小写、删除标点符号及去除停用词,从而进行数据清洗,减小词库的规模。

3.构建词库

词元化和预处理之后,收集文本数据中独特的词元,形成词库。每个词元都被分配了唯一的数字索引,作为其在模型或编码过程中的表示。

词库通常用于建立文本数据的数字表示。在许多自然语言处理模型中,词用稠密向量(词嵌入)来表示,每个词的嵌入都使用其在词库中的整数序号来进行索引。因此,可以使词以数值数据的形式被处理和操作,使得机器学习模型能够更容易地处理文本信息。

　　词库的大小取决于用于训练模型的文本语料库。大型模型（如大语言模型）通常具有很大的词库，包含数十万甚至数百万个唯一的词。

　　词库的处理可能会存在挑战，因为非常大的词库需要更多的内存和计算资源。利用将词拆分为子词单元的子词词元化技术、字节对编码或 SentencePiece 这样的方法，可以更有效地处理大型词库，并应对罕见的或词库以外的词。

P.24　## 词嵌入

　　词嵌入是词在连续向量空间中的稠密向量表示，其中相似的词彼此更接近。这种表示可以捕获词之间的语义关系，使自然语言处理模型能够基于词汇的上下文语境理解其含义。

　　词嵌入的主要优点如下：

- 语义：词嵌入可以捕获词之间的语义含义和关系，相似的词在嵌入空间中彼此更接近。例如，"男人之于女人，正如国王之于王后"，这种类比可以用向量运算来表示。

- 降低维度：与独热编码相比，词嵌入可以降低词表示的维度。独热编码是长度与词库大小相等的二进制向量，而词嵌入通常具有小得多的固定维度（例如，100、300），与词库的大小无关。

- 泛化能力：词嵌入可以在词之间进行泛化，使得模型能够从有限的数据中进行学习。上下文相似的词往往具有相似的嵌入表示,因此模型能够根据上下文来理解新词的含义。

- 连续空间:嵌入空间是连续的,因此可以进行插值,探索词之间的关系。例如,可以将"西班牙"的向量添加到"首都"的向量,再去除"法国"的向量,从而找到与"马德里"相近的向量。

词嵌入是自然语言处理的一个基础工具,极大地提升了各种自然语言处理任务(如机器翻译、情感分析、文本分类和信息检索等)的性能。流行的词嵌入方法包括较为简单的词袋(bag-of-words,BoW)模型到更为复杂的 Word2Vec、全局词向量表示(global vectors for word representation,GloVe)和 fastText 等模型。这些方法通过考虑大型文本语料库中词的共现模式来学习词嵌入,从而使这些表示能够捕捉语言中词的语义和上下文关系。

P.25

下面对其中两种方法——词袋模型和 Word2Vec 模型进行更详细的分析。

词袋模型

词袋模型是一种简单而流行的文本表示技术。它忽略了文档中词的顺序和结构,而关注文本中每个词出现的频次。词袋模型将文档表示为词出现频次的直方图,创建了一个不考虑词语顺序的"词袋"。

以下是建立词袋模型的步骤。

1. 词元化

第一步是将文本分解为单独的词元。

2.构建词库

词袋模型构建出一个词库,即语料库中所有唯一的词的列表。词库中的每个词都有一个唯一的索引。

3.向量化

为了用词袋模型来表示文档,可以为每个文档构建一个向量,其长度等于词库的大小。向量的每个元素对应词库中的一个词,其值表示该词在文档中出现的频次。

P.26　这里举一个使用词袋模型的例子。

我们考虑以下三个英文句子构成的语料库。

- "I love to eat pizza. "
- "She enjoys eating pasta. "
- "They like to cook burgers. "

第一步:词元化

语料库中的词元如下:

["I", "love", "to", "eat", "pizza", "She", "enjoys", "eating", "pasta", "They", "like", "to", "cook", "burgers"]。

第二步:构建词库

词库包含词元化后语料库中的所有不重复的词:

["I", "love", "to", "eat", "pizza", "She", "enjoys", "eating", "pasta", "They", "like", "cook", "burgers"]。

词库的大小是 13。

第三步：向量化

现在，使用词库将每个句子表示为一个向量。这三个句子的向量如下：

[1,1,1,1,1,0,0,0,0,0,0,0,0]

该向量表示单词 I、love、to、eat 和 pizza 在文档中各出现一次。

[0,0,0,1,0,1,1,1,1,0,0,0,0]

该向量表示单词 She、enjoys、eating 和 pasta 在文档中各出现一次。

[0,0,1,0,0,0,0,0,0,1,1,1,1]

该向量表示单词 They、like、to、cook 和 burgers 在文档中各出现一次。

请注意，词袋模型不关注词的顺序，每个文档仅通过词出现的频次来表示。

词袋模型是将文本转换为数字向量的一种简单有效的方法，可用于各种机器学习算法和自然语言处理任务，如文本分类和信息检索等。然而，它没有考虑词的语境和语义，这点将会限制其在语言数据中捕获更深层次含义的能力。

P.27

Word2Vec 模型

Word2Vec 模型是自然语言处理中一种流行且有影响力的词嵌入方法。它由托马斯·米科洛夫（Tomas Mikolov）等人于 2013 年在谷歌公司推出，此后成为各种自然语言处理任务的基础性技术。Word2Vec 模型的主要思想是将词表示为向量，其中词的相对位置反映了它们的语义关系和上下文相似性。将出现在相似的上下文中或具有相似含义的词映射为嵌入空间中彼此接近的向量。

用于训练 Word2Vec 模型的结构主要有两种。

• 连续词袋（continuous bag-of-words，CBOW）模型

连续词袋模型旨在根据上下文（周围的词）预测目标词。该模型使用神经网络，通过将上下文作为输入并预测目标词来学习词嵌入。

将上下文词表示为独热编码向量或嵌入向量，计算它们的平均数来生成一个单一的上下文向量。

连续词袋模型尝试使预测的目标词与实际的目标词之间的误差最小化。

P.28
• 跳字（skip-gram）模型

跳字模型旨在根据给定的目标词预测上下文。模型尝试在给定目标词的情况下最大化上下文词出现的概率来学习词嵌入。

将目标词表示为独热编码向量或嵌入向量，模型尝试基于该表示来预测周围的上下文词。

当数据集较大时，通常首选跳字模型，因为它可以通过考虑每个目标词的所有上下文词来生成更多的训练样本。

在训练过程中，Word2Vec 模型使用浅层神经网络来学习

嵌入。神经网络的权重在训练过程中通过使用随机梯度下降法或类似的优化技术进行更新。此处的目标是学习词嵌入,这些嵌入能够有效地捕获语料库中的词语义和共现模式。

经过训练后,Word2Vec 模型可以提供词嵌入,作为各种自然语言处理任务的输入,也可以作为下游应用的有效表示。经过训练的嵌入可用于情感分析、机器翻译、文档分类和信息检索等任务,从而捕获连续向量空间中词之间的含义和关系。Word2Vec 模型使自然语言处理模型能够以一种语义上更有意义的方式有效地处理文本数据,在提高自然语言处理模型的性能方面发挥了重要作用。

训练 Word2Vec 模型的典型过程包括以下步骤。　P.29

1.数据准备

收集大量文本数据,用于训练 Word2Vec 模型。该语料库需要能够代表希望进行词嵌入的领域或语言。

2.词元化

对文本数据进行词元化,将其分解为单个单词或子词。在词元化过程中删除不需要的字符、标点符号和停用词。

3.生成上下文-目标词对

对于语料库中的每个目标词,生成上下文-目标词对。上下文是指围绕目标词的一个词窗口。这个窗口的大小是一个超参数,通常将其设置为较小的数值,如 5 到 10 个词。上下文-目标词对可用于训练模型,使其能够根据目标词预测上下文,反之亦然。

4.将词转换为索引

将上下文-目标词对中的词语转换为数字索引,因为Word2Vec模型通常使用的是词的整数索引,而不是实际的词字符串。

5.生成训练样本

使用上下文-目标词对来为Word2Vec模型生成训练样本。根据不同的架构(连续词袋模型或跳字模型),每个训练样本都由一个目标词(输入)和其对应的上下文词(输出)组成,反之亦然。

6.架构选择

选择Word2Vec模型的架构。有两种主要架构:连续词袋模型,根据上下文来预测目标词;跳字模型,根据目标词来预测上下文词。

7.定义神经网络

为所选的架构构建一个浅层神经网络。该网络将包含一个嵌入层,用于将词表示为稠密向量,以及一个softmax层(对于连续词袋模型)或负采样层(对于跳字模型),以执行词语预测。

8.训练

使用随机梯度下降法或其他优化算法,利用训练样本来训练Word2Vec模型。目标是最小化预测损失,该损失可以衡量预测上下文或目标词与实际上下文或目标词之间的差异。

9.学习词嵌入

随着模型的训练,嵌入层学习将每个词映射到一个稠密的向量表示上。这些词嵌入基于语料库中的词的共现模式来捕获语义关系和含义。

10. 评估

训练后,通过下游自然语言处理任务评估所学词嵌入的质量,如词相似度、类比或文本分类等,以确保它们能够捕获有意义的语义信息。

训练过程中可能需要调整超参数,并且模型可能需要在大型语料库上进行多次迭代训练,以学习有效的词嵌入。经过训练后,Word2Vec 模型就可以为词库中的任意词生成词向量,从而能够在连续的向量空间中探索词之间的语义关系。

由于 Word2Vec 模型十分流行,因而许多机器学习和自然语言处理库都内置了该模型。这使得用户可以轻松地在代码中使用 Word2Vec 模型嵌入,而无须手动为其训练神经网络。

词袋模型与 Word2Vec 模型的对比

虽然词袋模型和 Word2Vec 模型都是自然语言处理领域中的文本表示方法,但它们之间存在着一些重要的区别。

1. 表示方法

P. 32

- 词袋模型:词袋模型将文档表示为词出现频次的直方图,而没有考虑词的顺序或结构。它构建了一个词"袋",向量中的每个元素表示特定词在文档中的出现频次。
- Word2Vec 模型:Word2Vec 模型将词表示为连续向量空间中的稠密向量。它根据语料库中的上下文来捕获词之间的语义和关系。Word2Vec 嵌入是通过在大型数据集上训练的浅层神经网络模型来学习的。

2.语境与语义

- 词袋模型：词袋模型不考虑文档中词的语境或语义。它将每个词视为一个独立的实体，只关注词出现的频次。

- Word2Vec 模型：Word2Vec 模型利用的是分布假设，该假设认为含义相似的词往往出现在相似的上下文语境中。Word2Vec 模型描述的是对语义关系进行编码的词嵌入，能够基于上下文语境更好地理解词的含义和相似度。

3.向量大小

- 词袋模型：词袋模型向量的大小与语料库中词库的大小相同。词库中的每个词都用唯一的索引来表示，向量元素表示该词在文档中出现的频次。

P.33

- Word2Vec 模型：Word2Vec 模型生成稠密的词嵌入，通常具有固定的大小（如，维度为 100、300）。与词袋模型向量相比，词嵌入的大小通常要小得多，这点对于内存和计算效率来说非常有用。

4.词的顺序

- 词袋模型：词袋模型不考虑文档中词的顺序，因为它将每个文档视为不同词及其频次的集合。词的顺序在词袋模型表示中会丢失。

- Word2Vec 模型：Word2Vec 模型在训练过程中会考虑上下文窗口中词的顺序。它通过预测一个词出现在其他词的上下文语境中的可能性来学习词嵌入,因此模型能够根据周围的词捕获词的含义。

5. 应用

- 词袋模型:词袋模型通常用于执行文本分类、情感分析和信息检索任务。对于这些任务来说,词袋模型是一种简单而有效的表示方法,尤其是在词的顺序不重要的情况下。

- Word2Vec 模型:Word2Vec 模型更适合执行那些需要理解词的语义、捕获词的关系的任务,如词相似度、词类比和语言生成任务。

总之,词袋模型是一种简单易懂的方法,它使用词的频次来 P. 34 表示文本,但缺乏对上下文语境的理解。而 Word2Vec 模型可以生成稠密的词嵌入,这些词嵌入基于上下文语境捕获词之间的语义和关系,这一点使其更适合各种高级自然语言处理任务。

2.4 语言建模

在自然语言处理领域,语言模型是一种用于预测一系列词在某种语言中出现的可能性的模型。换句话说,语言模型是建立在词序列上的概率分布。这种模型能够学习给定语言中存在的统计特性和模式,从而生成新文本,或者评估一个句子出现的可能性。

语言模型在各种自然语言处理任务(如机器翻译、语音识别、文本生成、情感分析等)中发挥着至关重要的作用。语言模型是许多高级自然语言处理应用（如大语言模型）的基础，并对现代自然语言处理技术的成功做出了重大贡献。

根据执行的任务，可以将语言模型大致分为两类。

- 生成式语言模型：这类模型旨在利用从训练数据中学习到的模式来生成新的文本。向模型输入种子（称为提示词或起始序列），然后一步一步地生成下一个词或词序列。生成式语言模型可用于文本生成、故事生成和诗歌创作等任务。

P.35
- 预测类语言模型：这种模型可用于对给定上下文语境中的下一个词的可能性进行预测。模型将之前的词作为输入，根据训练数据来预测下一个可能性最大的词。预测类语言模型广泛用于自动完成、下一词预测和机器翻译等任务。

根据所用的方法，主要有两种类型的语言模型。

- N 元语言模型：N 元语言模型是最简单的方法。模型根据在文本中出现的前 $N-1$ 个词来预测下一个词出现的概率。N 元中的"N"表示序列中词的数量。例如，二元语言模型基于出现的前一个词来预测下一个词出现的概率，三元语言模型则是基于前两个词来预测下一个词出现的概率。

示例（二元语言模型）：

英文句子："I love to"。

在给定"I love"的前提下，求"to"的概率：$P(\text{to}|\text{I love})$。

N 元语言模型在捕获长程依赖和上下文语境信息方面具有局限性，因为它们只考虑前面的固定数量的词。

- 神经语言模型：也称为基于神经网络的语言模型，在现代自然语言处理中得到了更高级、更广泛的应用。这种模型使用深度学习技术来学习词的特征,能以更灵活的方式捕获词之间的复杂关系。

以下是从神经语言模型中衍生的模型。P.36

- 循环神经网络:循环神经网络是最早的能够考虑可变长度上下文的神经语言模型之一。模型使用循环结构,按照顺序来处理词,同时保持捕获上下文的隐藏状态。
- 长短期记忆和门控循环单元(gated recurrent units,GRUs):这两种模型都是循环神经网络的变体,旨在解决梯度消失的问题,使其能够更有效地捕获长程依赖。
- Transformer 模型:Transformer 模型给自然语言处理领域带来了革命,并成为许多最先进的语言模型的基础。Transformer 模型利用自注意力机制来对词进行并行处理,有效地捕获短程和长程依赖。大语言模型,如 BERT 模型和 GPT 模型,都是基于 Transformer 的成功的语言模型的例子。

下面来探讨上述语言模型。

N 元语言模型

N 元语言模型是自然语言处理中使用的一类统计语言模型,用于预测 N 元词序列在给定文本中出现的可能性。这种模型是基于条件概率原理,根据前面的上下文语境来估计词的概率。

P. 37

在 N 元语言模型中,"N 元"指的是文本中的 N 个词的连续序列。例如:

- 一元:单独的词。
- 二元:成对连续的词。
- 三元:三个连续的词。
- N 元:N 个连续的词序列。

N 元语言模型的主要思想是:在前面有 N−1 个词的情况下,估计下一个词的概率。如公式所示:

$$P(w_i \mid w_1, w_2, \cdots, w_{i-1}) \approx \frac{\text{Count}(w_{i-N+1}, w_{i-N+2}, \cdots, w_{i-1}, w_i)}{\text{Count}(w_{i-N+1}, w_{i-N+2}, \cdots, w_{i-1})}$$

其中

- $P(w_i \mid w_1, w_2, \cdots, w_{i-1})$ 是在给定前面的词为 $w_1, w_2, \cdots, w_{i-1}$ 的情况下,词 w_i 的概率。
- $\text{Count}(w_{i-N+1}, w_{i-N+2}, \cdots, w_{i-1}, w_i)$ 是训练数据中的 N 元序列 $w_{i-N+1}, w_{i-N+2}, \cdots, w_{i-1}, w_i$ 出现的次数。
- $\text{Count}(w_{i-N+1}, w_{i-N+2}, \cdots, w_{i-1})$ 是训练数据中的 N−1 元序列 $w_{i-N+1}, w_{i-N+2}, \cdots, w_{i-1}$ 出现的次数。

在实践中,为了计算这些概率,可以使用大量的文本语料库作为训练数据。该模型为所有训练数据中出现的 N 元序列建立了频次表,通过将 N 元序列出现的次数除以其上下文出现的次数来估计概率。

P. 38

构建和使用 N 元语言模型的主要步骤如下:

（1）收集大量文本语料库并进行预处理，以用于训练。

（2）对文本进行词元化，得到单词或子词。

（3）建立一张表，统计训练数据中的 N 元序列及其出现次数。

（4）通过频次表来估计 N 元序列的概率。

（5）使用 N 元序列的概率来预测给定上下文时的下一个词，或生成新的文本。

举一个例子，使用约翰·列侬（John Lennon）的歌曲《想象》（*Imagine*）中的歌词来构建一个 N 元语言模型。

"Imagine there's no heaven

It's easy if you try

No hell below us

Above us only sky

Imagine all the people

Living for today

Ah…"

第一步：预处理和词元化。

Imagine,there's,no,heaven

it's,easy,if,you,try

no,hell,below,us

above,us,only,sky

imagine,all,the,people

living,for,today

ah

　　　　第二步:建立 N 元语言模型。

　　这里,为了简单起见,考虑二元语言模型。

["imagine", "there's"], ["there's", "no"],

["no", "heaven"]

["it's", "easy"], ["easy", "if"], ["if", "you"],

["you", "try"]

["no", "hell"], ["hell", "below"], ["below", "us"]

["above", "us"], ["us", "only"], ["only", "sky"]

["imagine", "all"], ["all", "the"], ["the", "people"]

["living", "for"], ["for", "today"]

　　第三步:计算概率。

　　我们可以计算每个二元序列的出现次数。

["imagine", "there's"]:2 次

["there's", "no"]:1 次

["no", "heaven"]:1 次

["it's", "easy"]:1 次

["easy", "if"]:1 次

["if", "you"]:1 次

["you", "try"]:1 次

["no", "hell"]:1 次

["hell", "below"]:1 次

["below", "us"]:1 次

["above", "us"]:1 次

["us", "only"]:1次

["only", "sky"]:1次

["imagine", "all"]:1次　　　　　　　　　　　P.40

["all", "the"]:1次

["the", "people"]:1次

["living", "for"]:1次

["for", "today"]:1次

　　然后根据出现的次数计算每种情况的概率。

P("imagine"|"there's"):2/2= 1.0

P("there's"|"no"):1/1= 1.0

P("no"|"heaven"):1/1= 1.0

P("it's"|"easy"):1/1= 1.0

　　　　……

　　计算出二元序列的概率后,就可以使用它们来生成新的
文本。

　　例如,从种子序列"Imagine there's"开始。

P("imagine"|"there's")= 1.0

预测下一个词为:"no"。

新的序列:"Imagine there's no"。

新的种子序列:"Imagine there's no"。

P("there's"|"no")= 1.0

预测下一个词为:"heaven"。

新的序列:"Imagine there's no heaven"。

新的种子序列："Imagine there's no heaven"。

P("no"|"heaven")＝1.0

预测下一个词为："it's"。

新的序列："Imagine there's no heaven it's"。

P.41 可以继续在模型中反复输入新序列，以获得越来越多的预测。在实践中，可以使用更高阶的 N 元模型（例如，三元或更多元）来提高文本的生成质量。通过这个例子，阐述了使用歌词作为输入来构建 N 元语言模型的基本步骤。

处理未出现过的 N 元序列

在上一个示例中，所有的二元序列都出现在训练数据中，但在现实世界的场景中，你可能会遇到未出现过的二元序列。要处理这个问题，可以通过使用平滑技术来为未出现过的二元序列指定一个小的概率。

平滑（也称为加一平滑或拉普拉斯平滑）是一种技术，用于解决语言建模中未出现过的 N 元序列的零概率问题。在 N 元语言模型中，当测试数据中遇到的 N 元序列在训练数据中不存在时，则该 N 元序列在模型中的概率为零。在生成文本时，这将可能导致预测不可靠、不切实际。

平滑技术在计算概率之前向训练数据中所有 N 元序列的计数中添加一个小的常数值（通常为1），以此来解决这个问题。这样做能确保即使遇到未出现过的 N 元序列，概率也不会是零，从而防止了模型对任何可能的词序列分配绝对的零概率。

我们来回顾前面的示例，以阐明平滑技术。

["imagine", "there's"]:2 次

["there's", "no"]:1 次

["no", "heaven"]:1 次

["it's", "easy"]:1 次

["easy", "if"]:1 次

　　当未采用平滑技术时：　　　　　　　　　　　　　　　P. 42

P("there's"|"no")= 1/1= 1.0

P("no"|"heaven")= 1/1= 1.0

　　在本例中，当给定"no"，则"there's"的概率为 1.0；当给定"heaven"，则"no"的概率为 1.0。从训练数据来看，这个结果似乎是合理的。然而，如果我们在测试数据中遇到一个新的二元序列（例如["no", "worries"]），因为它不在训练数据中，所以这个未出现过的二元序列的概率将为零。

　　现在我们来使用平滑技术（加一平滑）。

　　将所有二元序列出现的次数加 1：

["imagine", "there's"]:3 次（原次数 + 1）

["there's", "no"]:2 次（原次数 + 1）

["no", "heaven"]:2 次（原次数 + 1）

["it's", "easy"]:2 次（原次数 + 1）

["easy", "if"]:2 次（原次数 + 1）

["no", "worries"]:1 次（未出现过的二元序列，现在次数非零）

P("there's"|"no")= 2/2= 1.0

P("no"|"heaven")= 2/2= 1.0

P("no"|"worries")= 1/2= 0.5(使用了加一平滑)

　　通过使用加一平滑，未出现过的 N 元序列的概率不再为零，而是一个较小的概率值。这种方法的使用让模型更加稳健，并防止模型对未出现过的 N 元序列的概率过度自信。

　　平滑技术在语言建模中使用广泛，尤其当训练数据集较小或在处理高阶 N 元序列时更加重要，因为在这些情况下未见过的 N 元序列出现的可能性更大。

P.43　　N 元语言模型实现起来相对简单，且能够给出合理的结果，尤其是对于较低阶的 N 元模型而言（例如，二元或三元）。然而，在捕获长程依赖和理解超过 N 个词的固定窗口之外的上下文时，这种模型具有局限性。为了解决这些局限性，研究人员开发了更先进的模型（如神经语言模型），可以捕获长程依赖，且能生成更连贯、更准确的文本。尽管如此，N 元语言模型仍然是自然语言处理领域的一个基本概念，已被用于各种应用场景，包括文本生成、拼写检查、语音识别和机器翻译等。

神经语言模型

　　神经语言模型是一种用于自然语言处理领域的高级语言模型，该模型利用神经网络来学习大型文本语料库中词之间的统计模式和关系。传统 N 元语言模型能够理解的上下文有限且难以捕获长程依赖，而神经语言模型却能处理可变长度的词序列，使其在理解上下文语境和生成连贯、与上下文相关的文本方面更有效。

神经语言模型通常基于两种主要结构：循环神经网络和基于 Transformer 的模型。

1.循环神经网络

循环神经网络是一种用于处理序列数据的神经网络，非常适合处理自然语言中的词序列。循环神经网络具有一个循环结构，使其能够保持隐藏状态，捕获关于前面的词的上下文信息。这种上下文信息在语言建模中至关重要，因为词的含义通常取决于其前面出现的词。语言建模中最广泛使用的循环神经网络P.44变体是长短期记忆网络，旨在解决梯度消失问题并处理长程依赖。

2.基于 Transformer 的模型

Transformer 是一种革命性的结构，由沃什瓦尼（Vaswani）等人在 2017 年的论文《注意力就是你所需的一切》（"Attention Is All You Need"）中提出。Transformer 使用自注意力机制来同时捕获序列中所有词之间的依存关系，因此能够比循环神经网络更有效地处理长程依赖。许多最先进的语言模型都是基于 Transformer 架构，包括广为人知的 BERT 模型和 GPT 模型。

神经语言模型的训练过程通常包括向模型提供词序列，并训练其在给定前面词语的条件下预测序列中的下一个词。在训练过程中使用反向传播算法和随机梯度下降法来更新模型的权重，从而使预测误差最小化。接下来，训练后的模型就可以用于执行各种自然语言处理任务，包括文本生成、机器翻译、情感分析、回答问题等。

循环神经网络是双向人工神经网络，允许一些节点的输出影响这些节点的后续输入。模型能够使用内部状态（记忆）来处理任意长度的输入序列，因此特别适合处理序列数据，从而有效地捕获自然语言中的时间依存关系和上下文信息。

循环神经网络的主要思想是保持隐藏状态，这些状态如同记忆一样，用来捕获先前时间步的信息，并将其传递到下一个时间步。通过这种方法，循环神经网络能够处理可变长度的序列，并在处理句子中的每个词时保持上下文语境。

P.45　　　　基于循环神经网络的语言模型的典型运行步骤如下。

- 词嵌入：循环神经网络使用的词嵌入需要捕获词的语义，帮助模型来理解不同词之间的关系。因此，模型采用了像Word2Vec这样的词嵌入方法。

- 序列处理：词嵌入按照顺序每次将一个词输入到循环神经网络中。在每个时间步，循环神经网络将当前的词嵌入和前一个时间步的隐藏状态作为输入，然后得到输出和更新后的隐藏状态。

- 隐藏状态：通过当前的词嵌入和之前的隐藏状态，更新每个时间步的隐藏状态，因此循环神经网络能够记住前面的词的相关信息。

- 训练：训练时，给循环神经网络提供大型文本语料库的词序列，对其进行训练，使预测的下一个词和实际序列中的下一个词之间的预测误差最小化。训练过程使用反向传播算法和随机梯度下降法来更新模型的参数,优化其性能。

- 预测:每个时间步的输出可以用来预测序列中下一个词的概率分布。通过使用每个时间步的输出和隐藏状态,模型可以在给定前面的词的情况下预测下一个词。

基于循环神经网络的语言模型具有捕获序列中的长程依赖的优势,因此能够有效地理解句子中词的上下文语境。然而,这种模型也具有一些局限性,例如梯度消失问题会使其无法有效捕获长程依赖。 P. 46

梯度消失问题是循环神经网络训练过程中出现的一个难题,尤其是那些具有多层或长序列的循环神经网络。梯度消失问题的根源是存在反向传播算法,该算法用于在训练过程中更新模型的权重。

在循环神经网络中,所有时间步使用相同的权重集,因此模型可以"记忆"之前的信息,并捕获序列间的依存关系。然而,在处理长序列时,梯度(部分损失与模型的参数有关)可能会变得非常小,因为梯度在反向传播过程中存在反复相乘。

由于梯度变得非常小,所以训练过程中对模型权重的更新可以忽略不计。因此,循环神经网络难以学习长程依赖,可能无法捕获较远的相关信息。这一点造成循环神经网络无法保留几个时间步以外有意义的上下文,限制了其在捕获输入序列中的长程依赖方面的有效性。

在深度循环神经网络(具有多层的循环神经网络)中或在处理较长的序列时,梯度消失问题尤其严重。当梯度消失时,模型的学习过程会显著减慢，甚至可能无法取得任何有意义的进展。

为了解决这个问题，研究人员引入了具有特定结构的各种循环神经网络变体，例如长短期记忆和门控循环单元。

长短期记忆和门控循环单元的结构包括门控机制，即通过网络选择性地控制信息流。这种门控机制有助于循环神经网络在更长的时间尺度上保留和更新相关信息，有效缓解梯度消失问题，提高了模型捕获序列数据中的长程依赖的能力。

P.47　　　　基于长短期记忆的语言模型是循环神经网络的一种变体。长短期记忆通过门控机制来选择性地保留和更新隐藏状态下的信息，使其具备在更长的序列中保持相关上下文的能力。

基于长短期记忆的语言模型的基本概念如下。

长短期记忆结构

长短期记忆的细胞是基于长短期记忆的语言模型的基本构建模块，它由输入门、遗忘门、输出门和细胞状态组成。

细胞状态和隐藏状态

长短期记忆主要保持两种状态：细胞状态（通常表示为'c'）和隐藏状态（通常表示为'h'）。

细胞状态负责捕获输入序列中的长程依赖，用于存储先前时间步中的相关信息。隐藏状态包含当前时间步的相关上下文，用于做出预测。

门控机制

长短期记忆使用门控机制来控制信息通过细胞状态的流动。这些门是由激活函数 sigmoid 激活的神经网络构成的，值域为[0,1]。

输入门决定在当前时间步应该向细胞状态输入新信息的 P.48
程度。

遗忘门决定先前的细胞状态的保留程度,并将其转移到当
前时间步。

输出门决定下一个时间步细胞状态的输出程度,并将其作
为隐藏状态。

长短期记忆的计算

在每个时间步,长短期记忆的细胞将当前的词嵌入和先前
的隐藏状态作为输入。

然后,它基于输入和先前的隐藏状态,使用激活函数 sig-
moid 来计算输入门、遗忘门和输出门的值。

通过将遗忘门的输出(遗忘无关信息)和输入门的输出(添
加新的相关信息)结合起来,从而更新细胞状态。

接着将更新后的细胞状态用于计算新的隐藏状态,成为当
前时间步的长短期记忆的细胞输出。

最后由长短期记忆的细胞输出(即隐藏状态)来预测序列中
下一个词的概率分布。

训练和生成 P.49

在训练过程中,向基于长短期记忆的语言模型输入大型文
本语料库的词序列,并对模型进行训练,从而使序列中预测的下
一个词和实际的下一词之间的预测误差最小化。

经过训练的基于长短期记忆的语言模型,通过给定一个初

始输入来预测下一个词,从而用于生成新文本或补全现有文本,与标准的基于循环神经网络的语言模型相似。

在处理长程依赖和捕获序列数据中的上下文方面,基于长短期记忆的语言模型具有显著的改进,已成为各种自然语言处理任务中的标准结构。

基于门控循环单元的语言模型是解决梯度消失问题的循环神经网络的另一个变体。门控循环单元使用门控机制,通过隐藏状态选择性地控制信息流,使其在较长的序列上有效地保留相关上下文。

以下是基于门控循环单元的语言模型的基本概念。

门控循环单元的结构

门控循环单元的细胞是基于门控循环单元的语言模型的基本构建单元。它与长短期记忆的细胞类似,但具有简化的结构,参数更少。

门控循环单元的细胞由重置门和更新门组成。

P.50

隐藏状态

与基于长短期记忆的语言模型类似,门控循环单元会保持隐藏状态(通常表示为"h")。

隐藏状态包含当前时间步的相关上下文,并用于预测。

门控机制

门控循环单元使用两种门控机制:重置门和更新门。这些门是使用 sigmoid 激活函数的神经网络,值域为[0,1]。

重置门决定先前的隐藏状态有多少应该被忘记或重置,门控循环单元基于当前的输入和先前的隐藏状态来选择性地更新隐藏状态。

更新门决定新信息的保留程度，并将其合并到隐藏状态。

门控循环单元的计算

在每个时间步，门控循环单元细胞将当前的词嵌入和先前的隐藏状态作为输入。

它基于输入和先前的隐藏状态，使用激活函数来计算重置门和更新门的值。

然后门控循环单元计算候选隐藏状态（一种新的隐藏状态，包含当前的输入和重置门输出的信息）。

候选隐藏状态与先前的隐藏状态相结合，通过更新门的输出进行加权，来计算当前时间步的新的隐藏状态。P.51

最后，门控循环单元细胞的输出（隐藏状态）用于预测序列中下一个词的概率分布。

训练和生成

在训练过程中，向基于门控循环单元的语言模型输入大型文本语料库的词序列，并对模型进行训练，从而使序列中预测的下一个词和实际的下一个词之间的预测误差最小化。

一旦基于门控循环单元的语言模型训练完毕，它就能够根据给定的初始输入预测下一个词，从而用于生成新文本或补充现有文本，这一点与其他基于循环神经网络的语言模型相似。

在捕获序列数据中的长程依赖和上下文方面，基于门控循环单元的语言模型表现出优异的性能。由于其简单的结构和高效的训练过程,该模型已成为基于长短期记忆的语言模型的流行替代方案。

虽然长短期记忆和门控循环单元有一些相似之处,但两者在结构和功能上有着重要的区别。

结构复杂性

- 长短期记忆:与门控循环单元相比,长短期记忆的结构更复杂。长短期记忆包含三种门控机制:输入门、遗忘门和输出门。这些门用于控制信息流,并决定每个时间步需要记住、遗忘和输出的内容。

P.52

- 门控循环单元:与长短期记忆相比,门控循环单元的结构更简单。门控循环单元只包含两种门控机制:重置门和更新门。这些门用于选择性地更新和保留隐藏状态信息。

参数数量

- 长短期记忆:与门控循环单元相比,由于长短期记忆具有三种门控机制,因此结构更复杂,通常参数的数量更多。

- 门控循环单元:与长短期记忆相比,门控循环单元的参数数量更少。这是由于门控循环单元的结构更简单,只有两种门控机制。

门的交互

- 长短期记忆:在长短期记忆中,输入门、遗忘门和输出门相互交互,因此模型通过每一种门都能够自主地控制信息流。

- 门控循环单元:在门控循环单元中,重置门和更新门以更集成的方式进行交互。更新门相当于长短期记忆中的输入门和遗忘门的组合,同时控制信息的更新和遗忘。

处理长程依赖

- 长短期记忆:长短期记忆被明确设计用于捕获序列数据中的长程依赖。其结构包含输入门、遗忘门和输出门,因而能够将相关信息长时间地保留在细胞状态中。

- 门控循环单元:门控循环单元在处理长程依赖方面也很有效, P.53 但其门控机制更简单,因此在进行某些训练时,门控循环单元可能会更高效、更容易。

计算效率

- 门控循环单元:与长短期记忆相比,门控循环单元的结构更简单、参数数量更少,因此在计算上可能更高效。在计算资源有限的情况下,门控循环单元将成为首选。

总体而言,在解决梯度消失问题和捕获序列数据中的长程依赖方面,长短期记忆和门控循环单元都是有效的。长短期记忆的结构复杂,具有三种门控机制,能够对信息流进行更精细的控制,因此适用于需要精确记忆管理的任务。而门控循环单元的结构更简单、参数的数量更少,因此是长短期记忆的有效替代方案,尤其在计算资源有限的情况下。至于如何选择长短期记忆和门控循环单元,取决于特定任务、可用资源以及在复杂性和性能之间的权衡。

2.5 小结

在本章中，我们讨论了自然语言处理的演变，以及多年来不同的方法（基于语言的、基于统计的、基于机器学习的）是如何应用于语言建模的。我们还讨论了自然语言处理的一些核心概念，如词元化、词嵌入和 N 元语言模型。最后，讨论了基于循环神经网络的语言模型及其具备的优势。

P.54

虽然基于循环神经网络的语言模型在自然语言处理任务中做出了重大贡献，但它们在一定程度上已经被近期的模型（如 Transformer 模型）所超越。Transformer 模型，尤其是那些在 BERT 和 GPT 等模型中使用的 Transformer，在捕获长程依赖关系方面表现出卓越的性能，已成为许多自然语言处理任务的既定标准。

Transformer 模型将是下一章的主题。

第 3 章

Transformer 模型

2017 年，谷歌大脑实验室和谷歌研究小组的阿希什·沃什 P.55
瓦尼（Ashish Vaswani）等人在论文《注意力就是你所需的一切》
（"Attention Is All You Need"）中提出了一种革命性的神经网
络结构，用于自然语言处理和其他序列到序列的任务。在这篇
论文中，沃什瓦尼等人提出了一种新的方法，这种方法在很大程
度上通过注意力机制来处理词序列，能够实现并行化、高效训
练，并捕获数据中的长程依赖。实践证明，这种新的架构非常高
效且易于训练，因此 Transformer 模型有效地取代了其他方法，
如循环神经网络和长短期记忆。

Transformer 模型架构①的核心，及其高效性的关键，是注
意力机制。因此，让我们来看看注意力机制是如何发挥作用的。

---

① 简称 Transformer 架构。——译者注

3.1　注意力机制

在神经网络和深度学习领域，注意力是一种机制，它使模型能够在处理输入数据时专注于（或关注）其特定部分。这种灵感来自人类的认知过程，即人类会选择性地关注某些感官信息的元素而忽略其他元素。实践证明，注意力机制是一种强大的工具，能够执行各类任务，特别是在自然语言处理和计算机视觉领域。

P.56 有关注意力机制的最初想法可以追溯到 20 世纪 90 年代早期的机器学习概念，起源于认知心理学和神经科学。人类在处理感官输入时如何选择性地关注特定信息，以及如何在机器学习模型中应用这种行为，研究人员对上述问题开展了研究。

早期的一项著名研究，即格雷夫斯（Graves）等人于 2014 年发表的论文《神经图灵机》（"Neural Turing Machine"），利用了注意力机制。该论文引入了一种可微分的内存寻址机制，使得神经网络能够利用注意力来访问外部内存。徐（Xu）等人于 2015 年发表论文《基于视觉注意力的神经图像描述生成》（"Neural Image Caption Generation with Visual Attention"），展示了注意力机制在计算机视觉中的应用。该论文在生成图像描述的每个词时，关注图像的不同部分，并利用注意力来改进图像描述的生成。

随着序列到序列模型的发展，注意力机制的重要性日益凸显。在机器翻译等任务中，模型需要捕获输入序列和输出序列之间的长程依赖。巴达诺（Bahdanau）等人于 2015 年发表论文《基于联合学习对齐和翻译的神经机器翻译》（"Neural Machine Translation by Jointly Learning to Align and Translate"），提出了在机器翻译的背景下引入注意力机制。通过利用注意力机制，使模型能够对源语句和目标翻译语句的不同部分进行对齐。

2017 年，沃什瓦尼等人在论文《注意力就是你所需的一切》中引入了自注意力、缩放点积和多头注意力机制，进一步改进了这一概念。

注意力机制的工作原理是使模型专注于最相关的信息，通过为输入序列的不同部分分配不同的权重来生成输出。图 3-1 所示的是从 Transformer 模型的注意力模块学习到的依存关系的可视化例子。

P.57

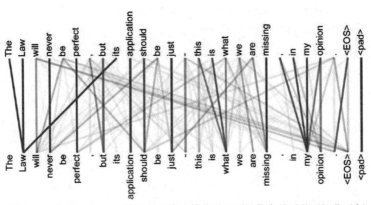

图 3-1　从 Transformer 模型的注意力模块学习到的依存关系的可视化示例
（来源："Attention Is All You Need"，by Vaswani et al.）

在训练阶段学习的这些长程关系，使模型能够专注于序列中重要内容，并预测序列的下一个元素。图3-2展示了一个可视化示例，说明了如何推导出下一个词的依存关系。

P.58

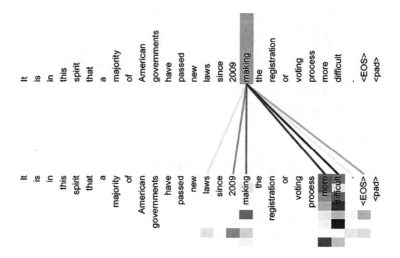

图3-2　如何推导出下一个词的依存关系的可视化示例

（来源："Attention Is All You Need"，by Vaswani et al.）

典型的注意力机制包含三个主要部分：查询（Q）、键（K）和值（V）。

查询（Q）

· 查询向量表示正在计算注意力的当前元素。

· 它是一个学习向量，用于捕获当前元素的属性或特征。

键（K）

· 键向量表示序列中的其他元素。

· 它也是在训练过程中学习得到的向量，用于对其他元素的属性或特征进行编码。

值(V)　P. 59

· 值向量保存的是与序列中的每个元素相关的信息或内容。

· 它们被用于根据注意力分数来计算加权值之和。

为了计算注意力分数,需要应用下列函数。

注意力分数

· 注意力分数用于量化查询向量和各个键向量之间的相关性或相似性。

· 通常使用查询向量和键向量之间的点积来计算注意力分数。

softmax 函数

· 将 softmax 函数应用于注意力分数,从而得到注意力权重。

· softmax 函数可将这些分数转换为概率分布,从而确保权重的总和为 1。

加权和(上下文向量)

· 通过 softmax 函数得到注意力权重,将其用于计算值向量的加权和。

· 加权和是上下文向量,用于捕获每个元素对当前元素表示的贡献值。

图 3-3 是该流程的简化示意图。　P. 60

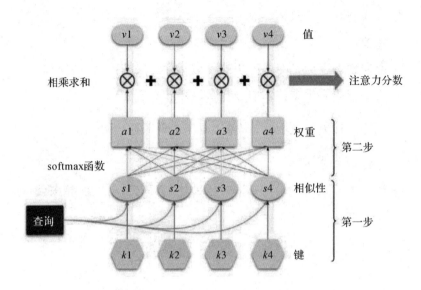

图 3-3　注意力机制的简化示意图

　　利用这些步骤来计算注意力分数，从而确定每个元素对当前元素的贡献值。通过值向量的加权和得到的上下文向量反映了序列中的不同元素对当前元素的重要性。

　　为了更好地理解注意力机制的工作流程，我们来看看计算注意力分数的简化代码示例。代码使用 Python 语言。

　　代码需要调用 Python 语言的 Numpy 库和 Scipy 库。

```
import numpy as np
from numpy import array
from numpy import random
from scipy.special import softmax
```

　　我们首先定义四个词的嵌入表示。在实践中，这些词嵌入是经过计算的。为了简单起见,此处我们对其进行手动定义。

```
word_1_em = array([1, 1, 0])

word_2_em = array([0, 1, 1])

word_3_em = array([1, 0, 1])

word_4_em = array([0, 0, 1])
```

然后我们将这些词向量堆叠起来以获得词矩阵。

```
words = np.stack((word_1_em, word_2_em, word_3_em, word_4_em))

print(words)
```

输出:

```
[[1 1 0]

[0 1 1]

[1 0 1]

[0 0 1]]
```

接下来,初始化查询权重矩阵、键权重矩阵和值权重矩阵。具体地,将词嵌入与之相乘,得到查询矩阵、键矩阵和值矩阵。在实践时,权重是在模型训练过程中学习得到的。为了简单起见,我们使用随机值将其初始化。

```
W_Q = random.randint(3, size = (3, 3))

W_K = random.randint(3, size = (3, 3))

W_V = random.randint(3, size = (3, 3))
```

现在,通过矩阵乘法来生成查询矩阵、键矩阵和值矩阵。

```
Q = words @ W_Q

K = words @ W_K

V = words @ W_V
```

P.62

注意　@运算符用于 Python 中的矩阵乘法，Python 3.5 将其引入。

然后，再次使用矩阵乘法来计算所有键向量的分数值。

scores = Q @ K.transpose()

下面将分数值输入 softmax 函数，以计算权重值。通常，在这一步中，在将分数值输入 softmax 函数前，需要除以其维度的二次方根。这样做是为了解决梯度消失问题。这种方法被称为缩放点积，我们将在下一节中对其进行详细讨论。

weights = softmax(scores / K.shape[1] ** 0.5, axis = 1)

最后，通过这些权重来计算词的注意力值。

attention = weights @ V

print(attention)

输出：

[3.11697171 1.70806649 1.86853077]

[2.97681807 1.62234515 1.91717725]

[2.98420993 1.74276532 1.94358637]

[2.59605139 1.68473833 2.12315889]]

此示例的完整代码如下所示：

```
import numpy as np

from numpy import array

from numpy import random

from scipy.special import softmax

#设置随机函数的种子，以便生成这些值
```

```
random.seed(101)
# 定义 4 个词的词嵌入
word_1_em = array([1, 1, 0])
word_2_em = array([0, 1, 1])
word_3_em = array([1, 0, 1])
word_4_em = array([0, 0, 1])
# 使用 stack 函数得到一个词矩阵
words = np.stack((word_1_em, word_2_em, word_3_em, word_4_em))
print(words)
# 随机初始化查询权重矩阵、键权重矩阵和值权重矩阵
W_Q = random.randint(3, size = (3, 3))
W_K = random.randint(3, size = (3, 3))
W_V = random.randint(3, size = (3, 3))
# 生成查询矩阵、键矩阵和值矩阵
Q = words @ W_Q
K = words @ W_K
V = words @ W_V
# 计算查询针对所有键向量的评分
scores = Q @ K.transpose()
# 使用 softmax 函数来计算权重
weights = softmax(scores / K.shape[1] ** 0.5, axis = 1)
# 通过值向量的加权和来计算注意力
attention = weights @ V
```

P.64

```
print(attention)
```

注意力机制使模型能够捕获元素之间的关系和依存性，因此是序列建模任务的一个基本组成部分。

3.2　Transformer 架构

论文《注意力就是你所需的一切》指出，尽管循环神经网络架构（如长短期记忆和门控循环网络）在当时已成为序列建模任务（如语言建模和机器翻译）中的实际方法，但由于此类架构存在一些根本性限制，因此在进一步提升其能力方面进展一直很缓慢。基于循环神经网络的模型无法进行并行计算，而需要进行顺序计算。

Transforme 架构放弃了所有的循环步骤，完全依赖注意力机制，从而克服了这一局限性。在 Transformer 模型出现之前，ConvS2S 模型和 ByteNet 模型用于序列到序列建模。随着元素之间距离的增加，需要越来越多的运算来计算长程依赖。ConvS2S模型的运算次数随距离呈线性增长，ByteNet 模型的运算次数随距离呈对数增长。而在 Transformer 模型中，通过自注意力机制可以将运算次数降低至恒定数量。

自注意力机制（也称内部注意力机制）是传统注意力机制的一种泛化形式，它将一个序列的不同位置关联起来以构建序列的表示。通过使用自注意力机制，Transformer 架构能够进行并行计算，还可以提高单次计算的性能。

　图 3-4 所示的是 Transformer 架构。

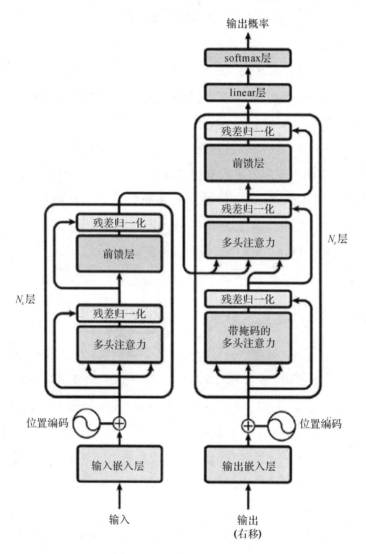

图 3-4　Transformer 架构

　　以下是 Transformer 架构的组成部分。

- 分词器，用于将文本转换为词元。

- 嵌入层，将词元转换为语义上有意义的表示。

P.66
- Transformer 层，用于实现推理功能，由注意力机制和多层感知器（multilayer perceptron，MLP）组成。

　　Transformer 层有两种类型：编码器和解码器。在沃什瓦尼等人的论文中提出的原始架构同时使用了编码器和解码器。后来的一些 Transformer 模型的变体则仅使用了其中的一种类型，例如生成式预训练 Transformer（GPT）模型仅使用了解码器，而基于 Transformer 模型的双向编码器表示（BERT）仅使用了编码器。

编码器

　　Transformer 模型通常使用字节对编码来对输入进行分词。与许多其他使用传统词嵌入的自然语言处理架构（如 Word2Vec 和 GloVe）不同的是，Transformer 模型的独特之处在于使用词嵌入、位置编码和其他特殊嵌入（如 BERT 中的分段嵌入）的组合来有效捕获内容和序列上下文。在近期的 Transformer 变体（如 GPT‐3 及更高版本）中，子词嵌入和字节对嵌入的概念变得尤为重要。这些嵌入方式使模型能够处理词库以外的词，通过将它们分解成更小的单元来提供更精细的词语表示。

　　如图 3‐5 所示，编码器由 N 个相同的层叠加而成。在沃什瓦尼等人的论文中，层数被设置为 6 层（$N=6$）。

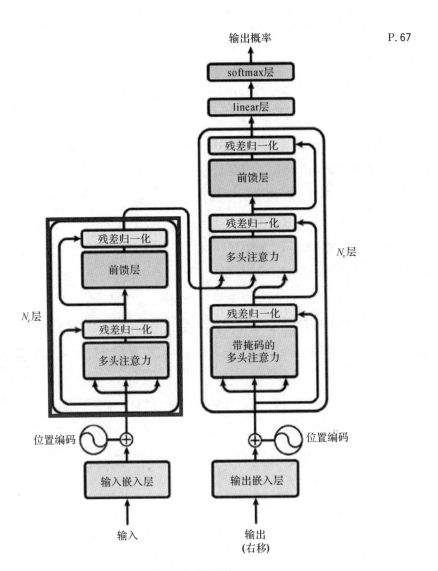

图 3-5　编码器

编码器中的每一层都由两个子层组成。

（1）第一个子层是多头注意力机制。

（2）第二个子层是由两个线性变换组成的全连接前馈网络（也称为多层感知器），中间使用修正线性单元（rectified linear unit，ReLU）作为激活函数。

Transformer 编码器的 N 层将相同的线性变换应用于输入序列中的所有词，其中每层使用的是不同的权重和偏置参数。每两个子层之间都有一个残差连接，接着是一个归一化层。

P.68

编码器的主要目标是从输入序列中捕获相关信息，并构建更高级别的表示，该表示可以被下游任务使用或传递给解码器以生成输出序列。

由于 Transformer 架构没有使用循环，因此它在本质上无法捕获词在序列中的相对位置信息。为了解决这个问题，需要将位置信息添加到输入嵌入层中，该步骤是通过引入位置编码来实现的。

位置编码向量与输入嵌入层具有相同的维度，它们是使用不同频率的正弦和余弦函数生成的。然后，将这些编码加入输入嵌入层，用于添加位置信息。

解码器

如图 3-6 所示，解码器由 N 个相同的层叠加而成。在沃什瓦尼等人的论文中，层数被设置为 6 层（$N = 6$）。

P.69

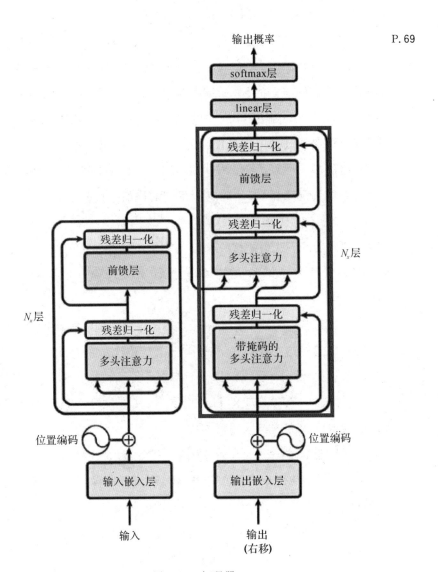

图 3-6　解码器

解码器中的每一层都由 3 个子层组成。

(1)第一个子层接收前面解码器堆栈的输出。然后，用位置信息对其进行扩充，并在其上实现多头注意力机制。解码器的设计是只关注前面的词，而编码器的设计是关注输入序列中的所有词，不考虑它们在序列中的位置。因此，给定位置上的词预测仅仅取决于序列中在其前面的词的已知输出。实现方法是在解码器的多头注意力机制中对由 Q 矩阵和 K 矩阵（注意力机制中的查询和键项目）的缩放点积得到的值引入掩码。

(2)第二个子层实现的是类似于编码器中的多头注意力机制。解码器的多头机制接收来自前一个解码器子层的查询，并结合编码器输出的键和值，使解码器能够处理输入序列中所有的词。

(3)第三个子层实现的是一个完全连接的前馈神经网络，与编码器中的结构类似。

与编码器类似，解码器的子层之间也有残差连接。这些子层之后是与编码器相似的归一化层，且其将位置编码添加到输入嵌入层中的方式与编码器相同。

解码器的输出嵌入层需要偏移一个位置。这种方法与掩码（位于带掩码的多头注意力层中）相结合，可以确保对任意给定位置的预测"将仅取决于小于 i 的位置上的已知输出"。

除了 Transformer 架构外，沃什瓦尼等人的论文还引入了另外两个重要概念：缩放点积和多头注意力。

缩放点积

缩放点积的引入是为了解决梯度消失问题。如前一章所述,当反向传播中的梯度变得非常小,使得网络无法进一步学习时,就会出现梯度消失问题。

我们通过一个简单的代码示例来理解缩放点积。

注意　本示例中使用的是 Python 代码。

假设有一个均值为 0、标准差为 100 的正态分布。

```
a = np.random.normal(0,100,size = (10000))
```

绘制该分布的直方图,如图 3-7 所示。

```
plt.hist(a)
```

P.72

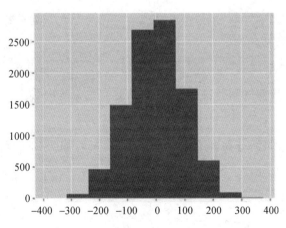

图 3-7　均值为 0、标准差为 100 的正态分布直方图

绘制该分布的 softmax 函数图,如图 3-8 所示。

```
plt.plot(softmax(a))
```

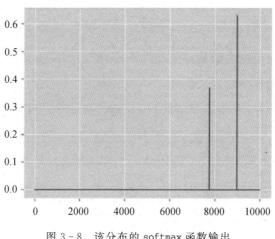

图 3-8　该分布的 softmax 函数输出

P.73
　　现在，假设我们使用这些 softmax 值进行反向传播。当峰值反向传播时，其他值（趋近于零）会因为非常小而丢失，从而导致梯度消失。

　　为了解决这一问题，我们可以用原始分布除以维度的二次方根，将其缩放到标准差为 1（原始分布的标准差为 100）。

```
unit_a = a / 100
```

　　绘制原始分布和缩放后分布的直方图，如图 3-9 所示。

```
fig, (ax1, ax2) = plt.subplots(1, 2)

ax1.hist(a)

ax2.hist(unit_a)
```

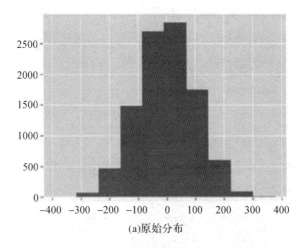

(a)原始分布

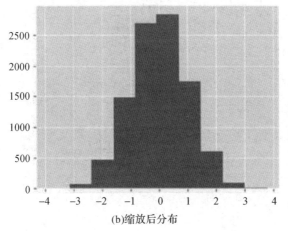

(b)缩放后分布

图 3 - 9　原始分布和缩放后分布的直方图

除了比例不同外,直方图是相同的。

绘制两个分布的 softmax 函数图,如图 3 - 10 所示。

```
fig, axs = plt.subplots(2, 2)
axs[0, 0].hist(a)
axs[0, 0].set_title('Original Distribution')
axs[0, 1].hist(unit_a)
axs[0, 1].set_title('Scaled Distribution')
axs[1, 0].plot(softmax(a))
axs[1, 0].set_title('Softmax of Original')
axs[1, 1].plot(softmax(unit_a))
axs[1, 1].set_title('Softmax of Scaled')
```

P.74

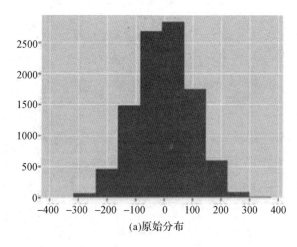

(a)原始分布

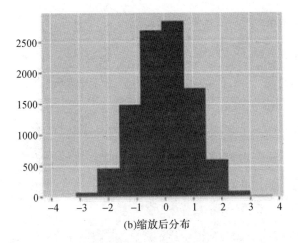

(b)缩放后分布

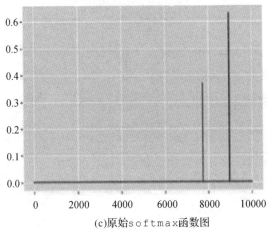

(c)原始softmax函数图

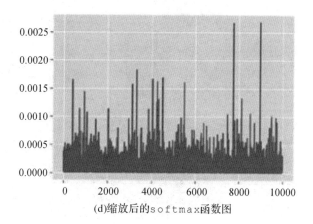

(d)缩放后的 softmax 函数图

图 3-10　原始分布、缩放后分布及应用 softmax 函数后的输出

　　缩放后的 softmax 值有更大的概率实现正确的反向传播，使得模型成功进行训练。

　　此示例的完整代码如下所示：

```
import numpy as np
import matplotlib.pyplot as plt
from scipy.special import softmax
from matplotlib import style
plt.style.use('ggplot')
a = np.random.normal(0,100,size= (10000))
plt.hist(a)
plt.plot(softmax(a))
unit_a = a / 100
```

P.75

```
print(np.std(a))
print(np.std(unit_a))
plt.rcParams['figure.figsize'] = [12, 4]
fig, (ax1, ax2) = plt.subplots(1, 2)
ax1.hist(a)
ax2.hist(unit_a)
plt.rcParams['figure.figsize'] = [12, 8]
fig, axs = plt.subplots(2, 2)
axs[0, 0].hist(a)
axs[0, 0].set_title('Original Distribution')
axs[0, 1].hist(unit_a)
axs[0, 1].set_title('Scaled Distribution')
axs[1, 0].plot(softmax(a))
axs[1, 0].set_title('Softmax of Original')
axs[1, 1].plot(softmax(unit_a))
axs[1, 1].set_title('Softmax of Scaled')
```

　　传统的注意力模块中具有点积和 softmax 运算,因此容易受到梯度消失问题的影响。然而,将点积的输出进行缩放,使其标准差为 1,能够使 softmax 函数的输出不易受到梯度消失问题的影响。图3-11展示的是缩放点积的步骤。

　　缩放点积的输入由查询向量、键向量(维度为 d_k)及值向量 P.76(维度为 d_v)组成。操作过程是计算查询向量与所有键向量的点积,然后用每个点积结果除以 d_k,最后对这些除法结果应用

softmax 函数以获得加权在值上的权重。

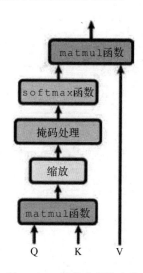

图 3-11 缩放点积的步骤

多头注意力

多头注意力机制使用的不是单一的注意力机制,而是将查询向量、键向量和值向量线性投影 h 次,且每个查询向量、键向量和值向量使用学习到的不同投影。然后并行地将单个注意力应用于每一个投影,得到 h 个输出。将这些输出拼接在一起,再次进行投影得到最终结果。图 3-12 展示了多头注意力机制。

多头注意力机制使得模型能够关注处于不同位置的来自不同表示子空间的信息,这是单头注意力机制无法实现的。图 3-13 展示了同一层的两个头如何学习到不同表示的一个可视化例子。

P. 77

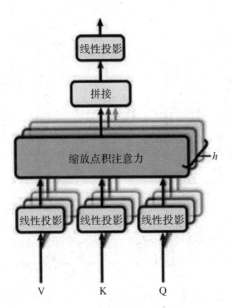

图 3 - 12　多头注意力机制

P. 78

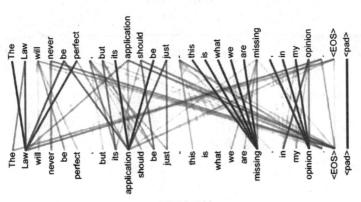

(a)可视化示例1

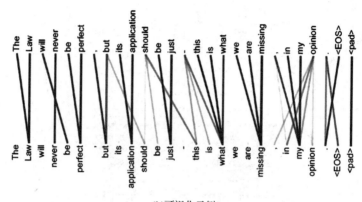

(b)可视化示例2

图 3-13　同一层的两个头如何学习到不同表示的可视化示例

（来源:"Attention Is All You Need",by Vaswani et al. ）

　　使用多头注意力机制时,由于每个头的维度降低,因此总的计算成本更接近于全维度的单头注意力机制。通过并行处理,以及提高每条并行路径的效率,可以大幅提高训练效率。

3.3　小结

P.79

　　基于第 2 章中我们对自然语言处理的核心概念的理解,在本章中我们探讨了 Transformer 架构和注意力机制。注意力机制使得语言模型能够专注于输入序列中的重要部分。Transformer 架构通过完全依赖注意力机制来克服基于循环神经网络模型的局限性,进一步扩展了这一概念。

　　Transformer 架构的引入彻底改变了自然语言处理领域。它大幅提升了处理效率,直接促成了大语言模型的出现。

　　大语言模型是下一章的主题。

## 第 4 章

大语言模型大在哪?

到目前为止,读者应该已经对自然语言处理的概念、Trans-
former 架构和注意力机制如何给自然语言处理领域带来了变
革,以及这种变革如何改变了我们看待语言建模的方式,有了更
深的理解。现在,我们进入本书的核心主题:大语言模型。

P. 81

读者可能想知道的是,大语言模型是什么,大语言模型和
Transformer 模型是一样的吗? 更重要的是,为什么将其称为
"大"语言模型?

让我们一探究竟。

4.1 如何使 Transformer 模型成为大语言模型

读者可能已经发现,很多时候在谈论大语言模型时,术语
Transformer 模型和大语言模型是可以互换使用的。 然而,

Transformer 模型和大语言模型之间不仅存在联系，还存在差异。

　　如前一章中所述，Transformer 模型具体指的是沃什瓦尼等人于 2017 年在谷歌大脑实验室和谷歌研究小组发表的论文《注意力就是你所需的一切》中提出的一种神经网络架构类型（https://arxiv.org/abs/1706.03762）。Transformer 模型使用注意力机制和编码器/解码器模块的不同组合来进行语言建模。为满足不同的需求，模型的实现方式存在区别，包括编码器-解码器、仅编码器及仅解码器。鉴于 Transformer 架构的功能强、效率高，因此其成为许多大语言模型的基础。

P.82

　　大语言模型这一术语，通常是指具有大量参数且在大规模数据集上进行过训练的语言模型。如前文所述，大多数大语言模型都使用了一些 Transformer 架构的变体。对于人工智能模型而言，参数是指在训练过程中从训练数据中学习到的模型的不同方面。通常，参数的数量越多，模型可以学习的内容就越多。现代的大语言模型可以有数百亿乃至数千亿个参数。例如，GPT-3 估计有 1750 亿个参数。

　　因此，以下这些因素可以使一个 Transformer 模型转变为大语言模型。

参数数量

　　"大"语言模型的特征之一是它的参数数量。更多的参数通常意味着模型可以学习更复杂的数据表示，尽管这也增加了计算需求。

数据规模

大语言模型是在庞大的数据集上进行训练的,数据集的大小从数百吉字节(GB)到数太字节(TB)不等。因此,模型能够从各种文本语境中进行学习。

计算能力

训练大语言模型需要大量的计算资源,通常要在多台机器 P.83 上并行运行 GPU(graphics processing unit,图形处理单元)或 TPU(tensor processing unit,张量处理单元)等专用硬件。

微调和任务自适应

大语言模型经过训练后,可以针对特定任务或数据集对其进行微调,以提高其在专业应用中的性能。

能力

由于大语言模型的规模和复杂性都非常高,因此其具备的能力通常能够远超小型模型,例如可以更好地理解上下文语境、纠错,甚至实现某种程度的常识推理。

总之,当 Transformer 模型的参数数量大幅增加,且在庞大而多样的数据集上进行训练,并对其进行优化以有效执行一系列语言任务时,它就成为了一个"大语言模型"。

还有一点需要注意的是,Transformer 模型并不是构建大语言模型的唯一架构。循环神经网络模型,如长短期记忆网络和卷积神经网络模型,也能够构建大语言模型。然而,由于 Transformer 模型表现出突破性的性能和训练效率,因此我们今天看到的绝大多数大语言模型都是基于 Transformer 架构的。

P.84 ## 为什么参数很重要

神经网络模型中参数的数量非常关键,通常对应于模型学习和表示信息的能力。在 Transformer 模型中,参数的数量表示以下内容。

- 学习能力:模型中参数的数量通常与其拟合给定数据集的能力有关。随着参数数量的增加,模型在捕捉数据中的细微差别和复杂性方面就具有更强的能力。

- 表达能力:大量的参数使模型能够表示更复杂的函数。当模型经过适当的训练,且不发生过拟合时,就能够更好地泛化到训练集以外的数据。

- 记忆能力:对于 Transformer 模型而言,更多的参数本质上意味着模型具有更广泛的"知识"基础。例如,像 GPT - 3 这样具有 1750 亿个参数的模型,已经显示出其具备记忆和生成广泛主题信息的能力。

然而,在增加 Transformer 模型的参数数量时,需要权衡一些问题。

计算需求

随着参数数量的增加，训练所需的计算资源也会增加。对大型模型进行训练需要强大的 GPU 或 TPU，且可能耗时、成本昂贵。

过拟合的风险

P.85

当在有限的数据上进行训练时，参数数量过多的模型可能会记住训练数据（而不是从中泛化）。这就造成了过拟合，即模型在训练数据上表现良好，但在训练集以外的数据上表现不佳。

模型大小

拥有更多的参数意味着模型更大，在进行部署时这可能是个问题，尤其是在边界设备上或实时应用中。

Transformer 模型具有独特的架构，能够实现参数数量的增加。

- 深度和宽度：Transformer 模型可以有多层深度，每层都可以有大量的神经元或注意力头（宽度）。这两方面都有助于参数数量的增加。
- 嵌入层：初始嵌入层将输入词元转换为向量，这一层可以具有大量的参数，尤其是当词库规模非常大时。
- 注意力机制：自注意力机制是 Transformer 架构的核心，其具有多个权重矩阵，有助于参数数量的增加。

尽管增加参数的数量通常会提高模型执行许多任务的性能,但许多神经网络模型都存在收益递减点。然而,近期的趋势(尤其是 GPT–3 等模型的开发)表明,不断扩大规模带来的性能提升令人惊讶,能够实现小样本学习功能(利用预训练的知识来训练模型执行样本数据很少时的任务),甚至是零样本学习(执行没有任何样本数据的特定任务时,训练模型进行泛化)等功能。这可能表明我们还没有达到 Transformer 模型能力的极限,目前的限制可能是计算能力和数据规模。

P. 86

数据的规模

用来训练模型的数据规模是决定模型有效性的关键,对于大语言模型中使用的 Transformer 模型来说尤其如此,原因如下文所述。

1. 模型泛化

模型在训练过程中接触的数据越多,其对未见过的例子的泛化能力越强,对于具有大量参数的模型尤其如此。巨大的参数数量为模型提供了学习大量信息的潜力,但也带来了过拟合的风险。庞大的数据集可以降低这种风险。

2. 多样化的知识

大规模的数据集可以提供多样化的知识。对于一个语言模型来说,这就意味着能够理解不同的写作风格、主题、事实,甚至语言。

3.特殊情况

大型数据集可以捕捉不太常见的特殊情况,但在较小的数据集中可能不存在。因此,模型能够对更多的特殊查询或特殊情况作出响应。

大语言模型通常使用的是已有的文本语料库,以及从互联网上获取的数据,包括网站、书籍、文章和其他文本内容,以下是一些常用的语料库。 P.87

- Common Crawl:这是一个通过互联网爬虫收集的庞大网络语料库。它包含来自数十亿个网页的若干拍字节(petabytes)数据,是最广泛的可用数据集。像 GPT - 3 这样的模型就使用了 Common Crawl 的子集。

- 维基百科:由于维基百科全面覆盖了各类知识和结构化写作的内容,因此维基百科(各语言版本)数据经常被用于训练语言模型。

- BooksCorpus:包含 11000 多本书,总计约 50 亿词汇,涉及多种不同的体裁和主题。

- OpenSubtitles:该数据集含有各类电影和电视节目的字幕。它对于对话模型的训练来说特别有用,因为其中包含大量的对话内容。

- WebText:OpenAI 公司将其用于 GPT - 2 的训练,这是一个总计约 40 GB 的文本数据的网页集合。

- 多伦多图书语料库(Toronto Book Corpus):该语料库与 BooksCorpus 相似,但包含不同的书籍,总计超过 4400 万词汇量。

- English Gigaword：该语料库包含了大量的新闻文本数据，因而含有丰富的时事和新闻业语言。

P.88

- 斯坦福问答数据集（Stanford Question Answering Dataset，SQuAD）：该数据集主要是为问答任务而设计的，但其包含了维基百科的内容和相关问题，有助于训练模型来理解上下文语境。

- 微软机器阅读理解（Microsoft MAchine Reading COmprehension，MS MARCO）数据集：该数据集包含现实世界中的问题和答案，对于训练模型来回答实用的、由用户生成的查询很有价值。

- 翻译任务的通用数据集：包括机器翻译研讨会数据集、欧洲议会会议记录（Europarl）和用于训练多语言模型的联合国文件。

- LM1B：该语料库是一个用于语言建模的基准数据库，包含来自十亿词基准语料库（One Billion Word Benchmark）的 10 亿个词汇。

- 宾夕法尼亚树库（Penn Treebank）：虽然该语料库比其他许多数据集都小，但它是语言学和句法分析的基础，包含了标记、解析和原始的《华尔街日报》（*Wall Street Joural*）数据。

从语料库和互联网收集到数据后，下一个步骤是数据过滤和清理。因为并不是收集到的所有数据都有用，有些可能是有错误的或冗余的，所以一些数据不适合用于训练。为确保模型是从高质量的数据中学习,适当的预处理、清理和过滤至关重要。接着是应用模型特定的预处理步骤(如词元化)。

然而,与参数一样,数据规模的增加也带来了挑战。

1.计算开销

在庞大的数据集上进行训练需要很强的计算能力和内存。P.89并行处理(通常在多个 GPU 或 TPU 上进行)是必不可少的。

2.存储需求

仅仅存储巨大的数据集就需要效果显著的存储方案(通常是多设备分布式存储或云存储)。

3.数据偏差

互联网上的大型数据集的内容可能存在偏差,这意味着模型可能会在不经意间学习、延续这些偏差。

4.噪声问题

数据规模的增加会带来噪声。在庞大的数据集中可能存在一些不正确或有误导性的信息,如果不将其正确地清除,模型可能会学习到这些信息。

具有注意力机制的 Transformer 模型特别容易从大规模数据中获益。自注意力机制可以学习到大规模数据集中存在的复杂模式、关系和依存性,因此模型能够捕捉语言中的深层语义关系。GPT－2 和 GPT－3 等模型取得了突破,在一定程度上可以归因于它们在海量数据上进行了训练。海量的数据与大量的参数相结合,就能使模型表现出卓越的语言理解和生成能力。

4.2 大语言模型的类型

P.90 可以根据各种因素来对大语言模型进行分类，如架构、训练目标、数据类型和应用领域。下面将探讨其中的一些分类依据。

基于架构的分类

如前文所述，有几种架构可以用来构建大语言模型。

1.Transformer 架构

如今多数大语言模型，如生成式预训练 Transformer 模型（GPT）、基于 Transformer 模型的双向编码器表示（BERT）和 Pathways 语言模型（Pathways Language Model，PaLM），都是基于 Transformer 架构构建的。

2.循环神经网络

较早的语言模型常使用循环神经网络或其变体，如长短期记忆网络和门控循环单元。由于规模的限制，这些架构在非常大的模型中不太常见。

3.卷积神经网络

尽管卷积神经网络在语言任务中不太常见，但是一些模型将其用于文本分类和其他自然语言处理任务。

基于训练目标的分类

P.91 大语言模型的训练目标根据其被设计执行的特定任务或预

期具备的功能而有所不同。单个模型可能有一个或多个训练目标。

- 自回归模型：与 GPT 一样，这种模型每次生成一个词，且使用之前生成的词作为后续的词的上下文语境。
- 自编码模型：BERT 是该模型的一个例子，通过训练来预测句子中被遮挡的词，一次就能处理整个序列。
- 序列到序列（Seq2Seq）模型：这种模型通常用于翻译、摘要和其他任务中（输入和输出都是可变长度的）。典型的例子包括 OpenNMT 和 Tensor2Tensor（T2T）。
- 混合模型：这种模型（如 XLNet）结合了自回归模型和自编码模型两种方法的特点。

我们来对以上分类进行详细分析。

1. 自回归模型

自回归模型的训练是为了每次生成一个词元（通常是一个词或子词）的文本。模型利用的是自回归的概念，其中每个新词元的预测都基于之前生成的词元。

以下是自回归模型的一些主要特征。

1）顺序生成　　　　　　　　　　　　　　　　　　　　P.92

自回归模型是以从左向右的方式来生成文本的，依据前面已生成的词元来逐个预测下一个词元。BERT 等"自编码器"模型则与之不同，而是并行地预测整个序列中缺失的词。

2）上下文理解

因为该模型依赖先前生成的文本，所以自回归模型擅长在对话或文本中保持上下文连贯。因此，该模型适用于对话生成、讲故事甚至代码编写等任务。

3）长程依赖

这种模型的架构，尤其是基于 Transformer 的模型（如GPT），可以处理文本中的长程依赖，因此能够在扩展序列上生成更加连贯、与上下文相关的文本。

4）因果关系

自回归模型能够保持序列的因果关系，因为每个词元都是基于固定顺序的先前的词元生成的，而不考虑后面的词元。这是许多自然语言理解和生成任务的主要特征。

P.93　自回归模型的训练过程通常有以下几个步骤：

• 数据预处理：模型通常在大型数据集上进行训练，将数据集分为较小的片段，如单词或子词。

• 掩码和损失函数：在训练过程中，模型使用掩码来确保特定词元的预测不会影响到序列后面的词元。最常使用的损失函数是预测的词元和实际的词元之间的交叉熵损失。

• 参数优化：通过使用反向传播和优化算法（如 Adam）来调整模型的数百万个（或数十亿个）参数，从而将损失函数的值最小化。

• 微调：自回归模型通常会针对特定任务或数据集进行微调，以使其在专业应用中更加有效。

自回归模型作为一种大语言模型有许多应用,例如:

- 自然语言生成:包括聊天机器人、创意写作等内容。
- 机器翻译:经过微调的自回归模型可以在不同语言之间进行翻译。
- 摘要生成:能够生成长文档的简明摘要。
- 回答问题:能够根据上下文或给定的文章段落生成问题的答案。
- 代码生成:专业的自回归模型可以根据提示来编写或完成代码。 P.94
- 其他自然语言处理任务:模型可以通过添加专门的层或训练设置来完成分类、情感分析等多种任务(不是严格意义上的生成任务)。

然而,自回归模型也确实存在一些局限性,例如:

- 速度:由于自回归模型每次只能生成一个词元的文本,因此与并行模型相比,自回归模型在执行生成任务时的速度较慢。
- 重复性:模型有时会陷入循环,生成重复的文本。
- 缺乏修正:一旦生成了词元就无法更改,因此可能造成长序列中的错误累积。
- 上下文限制:受到架构的限制,如果序列长度超过了最大长度,那么模型将无法保持上下文语境。

2.自编码模型

自编码模型旨在为给定的输入文本生成固定长度的表示或"编码"。自回归模型基于先前的词每次预测一个词，与之不同的是，自编码模型将整个词序列作为输入，并行地预测其中的一些词。

以下是自编码模型的一些主要特征。

P.95

1）双向上下文

模型通过前面的词和后面的词来预测目标词，即提供双向上下文。这与只使用前面的词的自回归模型不同。

2）掩码语言建模

训练时，输入序列中的一些词被随机地遮蔽或掩码，然后模型尝试对其进行预测。

3）固定长度编码

模型生成整个输入序列的固定长度的向量表示。该向量可以捕捉输入的语义，并可用于各种下游任务。

4）并行性

由于对掩码的词是并行预测的，因此对于某些类型的任务来说，使用自编码模型进行训练和推理会比应用自回归模型更快。

自编码模型的训练通常包含以下内容：

- 数据预处理：将文本词元化为一个词或子词，将一些词元随机替换为"掩码"或其他特殊词元。
- 目标函数：模型通常使用交叉熵损失函数进行训练，使预测的掩码词和实际词之间的差异最小化。

- 反向传播：根据损失的值来计算梯度，并使用优化算法（如 P.96
  Adam）来更新模型的参数。
- 微调：与自回归模型相似，自编码模型可以针对特定任务进行
  微调，以调整其功能。

自编码模型作为一种大语言模型，其应用包括：

- 文本分类：固定长度编码可用于将文本分为不同类别。
- 命名实体识别：能够识别文本中的实体，如人名、地名和组
  织名。
- 回答问题：能够根据问题和给定的上下文语境给出具体的
  答案。
- 情感分析：能够将句子或文档的情感分为积极、消极或中性。
- 搜索引擎：能够理解与查询相关的文档并对其进行排名。
- 摘要：尽管使用起来不像序列到序列模型那样简单，但类似
  BERT 模型仍然可以适用于文本摘要任务。

自编码模型也存在一定的局限性。

- 长度限制：与自回归模型一样，自编码模型也有最大序列长
  度，超过这个长度就无法处理文本。
- 缺乏连贯性：针对序列生成任务，自编码模型无法像自回归模 P.97
  型那样有效地生成连贯的、与上下文相关的序列。
- 复杂性：这些模型的训练在计算上可能成本较高，特别是捕捉
  双向上下文时需要更多的计算资源。

- 歧义：有时被掩码的词可能有多个看似合理的替代词，因此任务本身就容易产生歧义。通过训练模型来预测可能性最大的词，但这个词也许并不总是最适合上下文的。

3. 序列到序列模型

序列到序列模型旨在将输入序列转换为输出序列，而两者都可以具有可变长度。这种模型通常用于执行机器翻译、文本摘要和语音识别等任务。

以下是序列到序列模型的主要特征。

1）编码器-解码器架构

典型的序列到序列模型有两个主要组成部分：编码器和解码器。编码器用于处理输入序列，并将信息压缩为固定长度的"上下文向量"；解码器基于该上下文向量来生成输出序列。

P.98

2）注意力机制

现代的序列到序列模型通常使用注意力机制，因此解码器能够根据输出序列的每个元素来关注输入序列的不同部分。这对于处理长序列及输入和输出之间的对齐关系较复杂的任务来说特别有用。

3）可变长度序列

与固定长度的自编码器不同，序列到序列模型可以处理不同长度的输入和输出序列，因此用途极其广泛。

4）编码器中的双向上下文

编码器经常使用双向层（例如，双向 LSTM 或 GRUs）来从输入序列的两个方向捕获上下文。

序列到序列模型的训练包含以下内容：

- 数据准备：在训练时，需要有成对的输入序列和输出序列。例如，在机器翻译中，需要有两种不同语言的成对句子。
- 强制教学：在训练过程中，训练数据集的实际输出（而不是预测输出）通常会在下一个时间步作为解码器的输入，用于指导学习。这种技术称为强制教学。
- 损失函数：常用的损失函数是预测输出序列和实际输出序列之间的交叉熵损失。
- 训练算法：通常使用优化算法（如 Adam、RMSprop）来调整模型参数，从而使损失最小化。P.99
- 微调：序列到序列模型也可以针对特定的领域或任务进行微调，以提高其性能。

以下是序列到序列模型作为一种大语言模型的主要应用：

- 机器翻译：将文本从一种语言翻译成另一种语言。
- 文本摘要：为长文档生成简明摘要。
- 回答问题：根据给定的上下文来给出问题的准确答案。
- 语音识别：将口语转换为文本。
- 图像描述：生成图像的文本描述。
- 对话系统：应用于聊天机器人和虚拟助理，以生成对话响应。

序列到序列模型的局限性包括：

- 复杂性：编码器-解码器架构和注意力机制使得模型在训练时是计算密集型。

- 数据需求：序列到序列模型通常需要大型注释数据集，尤其对于复杂任务而言，这一需求更为显著。

P.100

- 长序列处理：虽然注意力机制在一定程度上缓解了这个问题，但由于计算的限制，处理超长序列仍然具有挑战性。

- 缺乏可解释性：注意力机制能够给出一些观点，但由于这种模型在很大程度上仍是黑盒，因此很难理解模型做出某些决定的原因。

4.混合模型

混合模型尝试将不同类型模型的优势结合起来（或结合其他功能），以提高执行特定任务的性能。虽然自回归模型、自编码模型及序列到序列模型本身就很强大，但是每种模型都有其局限性。因此，混合模型旨在通过融合不同的架构或技术来解决这些问题。

以下是一些常见的混合模型。

1)自回归模型＋自编码模型

一种常见的方法是将自回归模型和自编码模型相结合。例如，可以使用自编码模型（如 BERT）来生成输入的固定长度的表示，然后将其作为自回归模型的输入（如 GPT），从而生成输出文本。这种方法对于既需要深入了解输入、又需要连贯输出的任务来说非常有用，比如在复杂的问答系统中。

2)序列到序列模型＋注意力机制

注意力机制通常用于序列到序列模型，但高级的混合模型可能会将多种类型的注意力机制结合起来，或将注意力机制与其他技术(如强化学习)相结合,从而获得更好的性能。

3)融入外部知识　　　　　　　　　　　　　　　　　　P. 101

一些混合模型接入了外部数据库或知识图谱,因此在生成文本时可以引用现实世界的信息。

4)多模态模型

这类混合模型用于处理多种类型的输入(如,文本和图像,或者文本和音频)。例如,GPT-3 已经能够基于文本提示和图像本身来生成图像描述。

5)分类器＋生成器

在诸如情感分析后进行文本生成的任务中,一个分类模型首先可以确定输入的情感,然后再应用一个自回归模型能够生成与该情感相符的响应。

混合模型的性质决定了其使用了一些独特的训练技术,例如:

- 多目标损失函数:在将不同的模型类型进行组合时,通常需要优化损失函数,该函数是适用于每个单独模型的损失函数的组合。

- 两步训练:有时需要先训练模型的一部分,然后再训练第二部分。例如,自编码器先在大型数据集上进行预训练,然后与自回归模型一起针对特定任务进行微调。

- 端到端训练:在某些情况下,整个混合模型是从头开始一起进行训练的,尽管这可能在计算上成本较高。

混合模型的一些独特用例包括：

P.102
- 高级问答：混合模型可以特别有效地生成复杂问题的答案，且答案准确、与上下文相关。
- 摘要生成：将不同类型模型的优势结合起来，可以得到更连贯、更准确的摘要。
- 多模态任务：当任务涉及多种类型的数据（如文本和图像）时，混合模型可能特别有效。

尽管混合模型有其优点，但也存在一些局限性。

- 计算复杂性：将不同的架构组合在一起可能会导致模型在训练和部署时计算需求更高。
- 过拟合：随着参数和复杂性的增加，过拟合的风险也会随之增加，尤其是在没有足够数据的情况下。
- 可解释性：随着模型变得越来越复杂，人们越来越难以理解其做出某些决定的原因。
- 工程挑战：构建和维护混合模型可能更加复杂，需要专业知识。

由于"混合"这个术语相当宽泛，因此可以应用于各种架构，而不限于前面举的例子。总体目标是尝试结合不同的技术或模型，以克服使用单一方法的局限性。

P.103
5.其他训练目标

除了我们前面讨论的语言建模的目标之外，根据其用途，大语言模型还可以实现其他的训练目标。例如：

文本分类目标

- 情感分析：目标是将文本中表达的情感分为积极、消极和中性。
- 主题分类：模型经过训练后，可以将文本分类为预定义的主题或类型。

信息检索目标

- 文档排名：根据一组文档与查询内容的相关性，对文档进行排名。
- 关键词提取：目标是从较大的文本中提取出重要的术语或短语。

多模态目标

- 图像-文本关联：在多模态模型（如 CLIP、DALL-E）中，通过训练使模型能够理解、生成文本和图像之间的关联。
- 音频-文本关联：通过训练使模型能够记录或理解口语及其与书面文本之间的关系。

专用目标

- 命名实体识别：目标是识别文本中的命名实体，如人名、组织名、地名等。
- 词性标注：对模型进行训练，以识别句子中每个词的词性。　P.104
- 依存关系分析：目标是识别词之间的语法关系。
- 文本生成：一些模型专门用于生成创造性文本，包括创作诗歌、讲故事等。

其他目标

- 小样本学习：通过利用预训练的知识，训练模型能够在标记数据很少的情况下执行任务。
- 零样本学习：训练模型能够执行没有任何标记数据的特定任务，一般是通过理解自然语言中的任务描述来实现的。
- 多任务学习：训练模型能够同时执行多个任务，一般是通过共享共同表征来提高跨任务性能。
- 对抗训练：为了提高鲁棒性，训练模型以抵御对抗攻击（对输入进行精心设计的微小更改可能会误导模型）。

　　通常将不同的训练目标组合在一起，以创建出更通用的模型，并且针对特定任务的目标则是通过对预训练的通用模型进行微调来解决的。

基于使用的分类

P. 105　　除了基于架构和基于目标的分类之外，大语言模型还可以根据其数据类型和应用领域进行广泛分类。

1. 基于数据类型

- 基于文本的模型：大多数大语言模型主要是基于文本数据进行训练。
- 多模态模型：这种模型是基于多种类型的数据进行训练，如文本和图像。OpenAI 公司的 DALL-E 模型和 CLIP 模型就是这种类型的例子。

- 跨语言模型：模型基于多种语言的文本进行训练，可以执行跨语言任务，而无须对每种语言进行单独训练。

2.基于应用领域

- 通用模型：这种模型可用于处理各种任务，而不是专门用于特定任务。模型的示例有 GPT 和 BERT。
- 特定任务模型：这种模型是通用模型的微调版本，适用于执行文本分类、情感分析、机器翻译等特定任务。
- 特定领域模型：这种模型是根据医疗、法律或金融等领域的专业数据进行训练或微调而生成的。
- 智能对话助手：一些大语言模型（如谷歌公司的 Meena）旨在提高聊天机器人和虚拟助理的对话能力。 P. 106
- 代码生成模型：这种模型（如 GitHub 平台的 Copilot）专门用于根据自然语言查询来生成代码。

不同类型的大语言模型在特点上可能会有重叠。行业在不断演变，随着技术的发展，出现了新的模型和混合模型。

4.3 基础模型

"基础模型"这一术语强调了机器学习领域的转变，即从单一任务训练模型转向一种新范式，在这个范式中单一的强大模型可以作为众多应用程序的基础。

基础模型是指预先训练好的模型，通常具有相当大的规模和容量，将其作为"基础"，可以在其上构建更具体的应用或任务。虽然这个术语在技术上可以应用于各个领域，但它最常用于大规模机器学习模型，尤其是在自然语言处理中。

以下是基础模型的一些主要特征。

在广泛数据上进行预训练

基础模型通常在庞大而多样的数据集上进行训练，以学习广泛的模式、结构和知识。这种全面预训练阶段使其能够成为"基础"。

P. 107 ## 微调和灵活性

经过预训练后，基础模型可以根据特定任务或领域进行微调或调整，继承预训练中获得的通用知识，并基于新的特定任务数据进行专门处理。

迁移学习

基础模型的本质在于迁移学习，即将在一项任务中获得的知识迁移到另一项相关任务中，以提高其在后者任务中的性能。

规模经济

从训练大模型所需的资源来说，训练一个可以服务于多个目标的大型基础模型通常比为每个特定任务训练不同的模型更有效。

一般认为，大语言模型是基础模型，因为它们表现出的特性使它们成为众多应用的基础构建模块。

以下是大语言模型的一些特性。

通用能力

大语言模型是在大量多样的文本语料库上进行训练的，因此能够随时处理各种任务，从简单的文本生成到更复杂的任务，如摘要、翻译和回答问题等。

微调功能

P. 108

大语言模型在广泛的数据集上进行预训练之后，就可以针对特定任务或特定领域的数据进行微调，使其适应各种专业应用。

迁移学习

大语言模型在广泛的预训练中所获取的知识可以在许多应用中进行迁移和利用，从而减少了针对特定任务数据或训练的需求。

规模经济

训练大语言模型需要大量的计算资源。但训练完成后，这些模型就可以为无数的应用提供服务，当这些模型被应用于多个任务或领域时，就可以展现出成本效益。

快速部署

以大语言模型为基础，开发人员可以对应用进行快速原型化和部署。例如，只需一个精心设计的提示，GPT－3 模型就可以执行任务（而在过去则需要专用模型）。

跨学科应用

除了以文本为中心的任务外，大语言模型还可以应用于代码生成、艺术创作，甚至科学领域，突出了其作为基础模型的本质。

P.109 ## 减少训练开销

开发人员可以利用大语言模型的基础知识，减少许多应用的数据需求和计算开销，而无须针对每个特定任务从头开始训练模型。

持续适应性

通过持续训练或将其与其他模型、系统相结合，大语言模型有望适应新的信息和趋势。

人工智能的民主化

只要有正确的接口和平台，非专业人员就可以利用大语言模型的功能，因此在缺乏高深技术知识的背景下，更广泛的用户能够从人工智能中受益。

4.4　应用大语言模型

尽管大语言模型具有通用功能，但在特定任务或领域下应用大语言模型时，通常需要针对特定任务或领域对其进行调整，使其能够更加有效。这一点可以通过两种方式实现：提示工程和微调。

提示工程

提示工程是指设计有效输入提示的艺术与科学，旨在引导大语言模型的行为，尤其是在希望得到具体、精细的响应时。由于像 GPT-3、GPT-4 这样的大模型没有传统的针对"特定任务"的配置，因此输入提示的措辞或结构会对输出造成显著影响。这一点在零样本、小样本及大样本学习场景中尤其明显。 P.110

以下是提示工程的关键因素。

- 精确性：制作提示，帮助模型准确了解你所需的信息或格式。
- 上下文：提供足够的背景或上下文来指导模型生成相关输出。
- 示例：在小样本学习场景中，给模型列举几个示例以展示期望的任务，可以帮助你获得正确的响应。
- 重新表述：如果一个模型在给定提示下未得到期望的输出，那么对问题或请求进行重新表述可能会得到更好的结果。
- 约束条件：通过在提示中指定约束条件，来限制或指导模型的响应。例如，要求模型"用简单的术语解释"或"用不超过 50

个词提供答案"。

对大语言模型而言，以下原则可用于优化提示。

1.明确性

清晰和精确的指令可以帮助模型准确掌握你的需求。例如，你可以说"给出一个 200 字的讲述苹果营养价值的总结"，而不要说"告诉我关于苹果的信息"。

P.111

2.指导示例

给出示例是一种展示预期输出的方式。如果你想让模型将陈述句转换为疑问句，你可以给出一个示例："将以下句子转换为疑问句。例如，'正在下雨'转换为'正在下雨吗？'"

3.迭代细化

提示工程通常涉及一个迭代过程，根据得到的输出来改进输入。如果某个特定的表达方式不起作用，那么就需要重新措辞或给出更多的上下文。

4.控制冗长度和复杂度

像"简单地描述""简要地解释"或"详细地描述"这样的指令可以指导模型响应的长度和深度。

5.系统变化

系统的提示变化有助于理解哪种表达方式最适合某项特定任务。提示工程极其重要，有以下几种原因。

- 最佳输出：即使是一个能力很强的模型，输出的质量也往往取决于输入的方式。有效的提示工程可以确保你能够充分利用模型。

- 处理歧义:语言自身可能具有歧义性。通过细化提示,用户可以减少这种歧义,引导模型对其查询提供最相关的解释。
- 任务定制:由于像 GPT-3 这样的大模型不是为传统意义上 P.112 的特定任务而训练的,因此通过提示工程,用户可以有效地针对各种任务来"定制"模型,而无须重新训练。

　　使用大语言模型时,以下几种技术可用于提示工程。

- 提示模板:创建仅部分变化的提示模板,有助于实现一致性,尤其在数据提取等任务中更加重要。
- 提示组合:有时将多个提示或指令组合成一个序列可以更好地指导模型。例如,"将以下英文文本翻译成法语。确保翻译结果适合正式的商业场合。"
- 问题拆分:对于复杂的查询,将提示拆分为多个更简单的问题,可能会得到更准确的答案。
- 提示引导:引入上下文或用语句来"引导"模型有时会有所帮助。例如,"假设你是一位历史老师,解释文艺复兴时期的重要性。"

　　将大语言模型应用于特定任务时,提示工程具有以下益处。 P.113

- 用途广泛:有了提示工程,一个经过预训练的模型就可以"重新调整用途",用于广泛的任务,而无须进行微调。
- 高效性:通过提示工程来调整模型使适应新任务的速度更快,尤其是与重新训练或微调相比。
- 可定制性:不同的用户或应用可能有独特的需求,提示工程提供了一种在不更改底层模型的前提下自定义模型输出的方法。

然而，提示工程也存在一些局限性和挑战。

- 不一致性：即使提示经过优化，模型仍可能偶尔产生不一致或意料之外的输出结果。
- 额外开销：有效的提示工程可能需要大量的试错，这在计算资源或时间成本上可能较为昂贵。
- 领域局限性：对于非常小众或专业的任务，提示工程可能无法达到较高精度，这时需要对特定领域的数据进行微调。
- 试错：找到正确的提示可能需要多次迭代，尤其是对于复杂或细致的任务。

P. 114

- 提示的过拟合：如果用户过于具体或者严重依赖提示示例，模型可能会过拟合这些示例，从而降低其输出的泛化能力。

提示工程结合了理解模型能力、语言细微差别和任务具体要求。随着基于 Transformer 的模型在规模和能力上的增长，提示工程成为充分挖掘这些模型潜力的关键技能。这是一个活跃的研究和实验领域，无论是人工智能研究界还是行业专业人士都在探索新的策略来优化与这些模型的交互。

微调

在某些场景、领域或任务中，仅凭提示工程可能无法得到所需的结果。在这种情况下，可能需要对模型进行微调。

微调是使经过预训练的大语言模型适应特定任务或领域的过程,利用模型所获得的通用知识,对其进行调整,使其更有效地用于特定的应用。

大语言模型最初是在庞大而多样的文本语料库上进行预训练的。在这个阶段,模型学习语言结构、语法、事实、推理能力,甚至数据中存在的一些偏见。通过这种通用性训练能够得到一个知识丰富但不专用于任何特定任务的模型。

预训练结束后,可以在更小、更窄的特定任务数据集上对模 P. 115
型进行深入训练(或"微调")。该数据集通常有标记,且与特定应用相关,例如情感分析、回答问题或医学文本分类。

这样做会带来以下益处。

- 专业化:经过预训练的模型在多方面都有所涉猎,但微调会使模型成为特定领域或特定任务的专家。

- 迁移学习:微调利用预训练中获得的通用知识,使模型能够在特定任务上表现出色,即使特定任务的数据量很少。

- 效率:针对特定任务从头开始训练模型,可能需要大量的数据和计算资源。而对经过预训练的模型进行微调,可以用较少的数据、更短的时间获得更好、更有竞争力的结果。

进行微调时,你需要一个与特定任务相对应的标记数据集。例如,如果你正在针对情感分析进行微调,你需要一个标记为积极、消极、中性的句子(或段落)数据集。

你需要调整预训练模型的权重,而不是使用随机权重来初始化模型(如同从头开始训练那样)。然后使用针对特定任务的数据来更新这些权重。

微调的一个关键点是选择适当的学习率。通常，与预训练相比，选择较小的学习率是指你想对已经学习的权重进行较小的调整，而非大幅度的改变。

然而，在尝试对大语言模型进行微调时，需要考虑几个重要问题。

P.116

1. 过拟合

由于大语言模型有大量的参数，因此模型很容易与一个小的微调数据集过拟合。正则化技术、早停法，甚至使用较小的预训练模型，都有助于缓解这种情况。

2. 灾难性遗忘

如果过于粗放地进行微调，模型可能会"忘记"在预训练中获得的一些通用知识。为了在适应具体任务的同时保留通用知识，有必要采取平衡的方法。

3. 评估

始终要在单独的验证或测试集上对微调后的模型进行评估，以此来衡量其在特定任务上的性能。

微调是迁移学习范式中的一种强大机制，开发人员可以在无需大量标记数据或长时间训练的情况下，将强大的大语言模型用于广泛的任务。

4.5　小结

在本章中，我们探讨了使 Transformer 模型成为大语言模型的因素，以及参数数量和数据规模等因素是如何影响模型性能的。我们从架构、训练目标和应用等不同角度探讨了如何对大语言模型进行分类。我们还研究了基础模型的概念，并说明大语言模型是如何具备这些特征的。最后，我们研究了如何通过提示工程和微调使大语言模型更有效地适应特定任务。

P.117

下一章，我们将探讨几种流行的大语言模型，包括它们的架构和功能。

第 5 章

流行的大语言模型

在前面的几个章节,我们讨论了自然语言处理的历史、概念 P. 119
及它是如何随着时间的推移而演变的。我们还了解了 Trans-
former 架构,以及它是如何彻底改变我们对语言模型的看法的,
为大语言模型的发展奠定了基础。

现在,我们看看近年来一些最具影响力的大语言模型。

尽管大语言模型这一领域仅存在了几年,但其创新数量是
巨大的。由于新模型和改进模型的频繁发布,以及一些模型在
本质上是专用的,因此我们无法面面俱到地对所有模型进行讨
论。本章中我们列出了一些具有重要影响力的模型及其公开的
细节。

5.1 生成式预训练 Transformer 模型

生成式预训练 Transformer 模型(GPT)是将大语言模型普

及到公众中的模型。GPT 是由美国人工智能研究实验室 OpenAI 发布的大语言模型系列，该实验室包括非营利性组织 OpenAI 股份有限公司及其营利性子公司 OpenAI LP。GPT 模型是基于 Transformer 架构的基础模型的集合，GPT 模型按顺序编号，被称为"GPT – n"系列，其中 GPT – 1 是第一个版本，GPT – 4 则是最新的版本。

P. 120

  2017 年 Transformer 模型的引入标志着生成式预训练 Transformer 模型的诞生。2018 年，OpenAI 公司发表了一篇题为《通过生成式预训练来改进语言理解》（"Improving Language Understanding by Generative Pre-Training"）的文章。在文章中，他们介绍了第一个 GPT 系统（后来被称为 GPT – 1）。

  如前文所述，在引入 Transformer 模型之前，神经网络自然语言处理模型主要采用的方法是从大量人工标记的数据中进行监督学习。这种对监督学习的依赖限制了模型对标注不充分的数据集的使用。此外，这些模型的并行化程度有限，因此训练极其庞大的模型变得昂贵、耗时。所以，一些语言（例如，斯瓦希里语、海地克里奥尔语）几乎无法使用这些方法进行建模，因为它们缺乏用于构建语料库的文本资料。

  为了克服这些局限性，OpenAI 公司的 GPT 模型使用了半监督方法，这是首次将该方法用于 Transformer 模型。该方法包括两个阶段：

  （1）无监督的生成式预训练阶段，该阶段使用语言建模目标来设置初始参数。

（2）有监督的判别式"微调"阶段，该阶段将这些参数调整为适用于目标任务。

第一个版本的 GPT 架构（GPT‐1）使用了一个仅包含 12 层解码器的 Transformer 模型，该模型使用 12 个掩码自注意力头，每个自注意力头含有 64 维的状态（总共 768 维），之后跟随了一个线性 softmax 层。位置前馈网络使用的是 3072 维的内部状态。图5‐1所示的是 GPT‐1 的架构。

模型使用了 Adam 优化算法，而非更常用的随机梯度下降法（stochastic gradient descent，SGD）。在前 2000 次更新中，学习率从 0 开始，线性增加到最大值 2.5×10^{-4}，并按照余弦衰减降低到 0。模型每次选择 64 个随机采样样本，每个样本为连续的 512 个词的序列，迭代训练 100 次。模型通过字节对编码（词库共有 40000 个字节对）、残差、嵌入、注意力、dropout（值为 0.1）等机制进行正则化。此外，还在所有非偏置或增益权重上应用了一个改进版的 L2 正则化技术，其中权重 $w = 0.01$。模型使用高斯误差线性单元（Gaussian error linear unit，GELU）作为激活函数。

P.121

在微调阶段，重复使用无监督预训练阶段的超参数设置。分类器增加的退出率为 0.1，学习率为 $6.25\mathrm{e}^{-5}$，批量大小为 32。模型使用带热身的线性学习率衰减策略，训练预热时间占总训练时间的 0.2%，λ 值为 0.5。OpenAI 公司指出，GPT‐1 只需微调 3 次就可以充分适应大多数任务。

P. 122

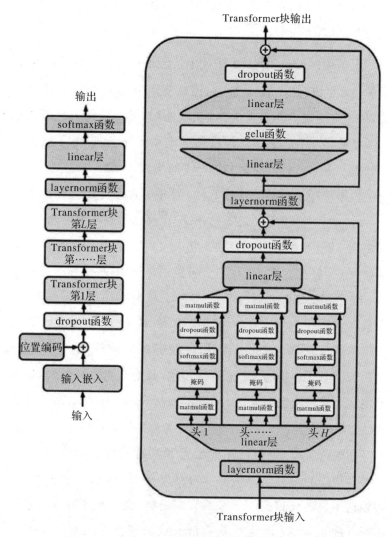

图 5-1 GPT-1 的架构(来源:"Improving Language Understanding by Generative Pre-Training",OpenAI)

GPT-1 是在数据集上进行训练的,该数据集包含大约 11000 本从互联网上抓取的未出版书籍的文本内容。多伦多大学和麻省理工学院的研究人员在 2015 年发表的一篇题为《书籍与电影的匹配:通过看电影和读书实现故事般的视觉解释》("Aligning Books and Movies：Towards Story-like Visual Explanations by Watching Movies and Reading Books")的论文中引入了 Book Corpus(也称为多伦多图书语料库),数据集由未公开出版的免费书籍组成。该数据集大约有 9.85 亿字,其中的书籍涵盖了各种类型,如科幻小说、言情小说和奇幻小说。GPT-1 使用了 Book Corpus 数据集的一个子集,该数据集约有 7000 本书,包含大量的具有连续长段文本的书籍,有助于模型学习处理长程依赖。原始文本数据经过了 FTFY 库的清理,这是一个由 Luminoso 公司的罗宾·斯皮尔(Robyn Speer)开发的基于启发式方法的 Python 库,用于修复破损的 Unicode 文本,然后进行空白字符和标点符号的标准化。词元化工作是借助 spaCy 库完成的,这是一个针对 Python 和 Cython 的开源库,支持词性标注、命名实体识别(named entity recognition,NER)、文本分类及依存关系解析等功能,该库内部采用了卷积神经网络模型。

GPT-2 是 GPT-1 的后续版本,部分发布于 2019 年 2 月, P. 123 随后于 2019 年 11 月发布了完整的包含 15 亿个参数的模型。部分发布的原因是担心可能会遭滥用,包括利用模型的功能制造虚假新闻或恶意内容。GPT-2 的主要优势之一是其能够生成连贯且与上下文相关的文本。给定一个提示或部分句子,

GPT-2就可以生成完整、真实且符合上下文的文本。

GPT-2的训练最初考虑使用CommonCrawl语料库，因为其规模庞大。CommonCrawl是一个使用网络爬虫创建的大型文本语料库，通常用于训练自然语言处理系统。然而，它后来没有成为训练数据集，因为在GPT-2训练的初步审查中发现了数据质量问题和难以理解的内容。因此，OpenAI专门为训练GPT模型创建了一个新语料库，即WebText。与Common-Crawl不同的是，WebText是通过抓取链接到Reddit帖子的页面来生成的，且条件是该帖子在2017年12月之前至少获得三次点赞，而不是像以前的数据集（如CommonCrawl）那样不加分辨地从网络上抓取内容。然后，对WebText抓取的数据进行清理，将HTML文档解析为纯文本，去除重复的页面，并且从数据集中删除维基百科页面，因为这些页面在许多其他数据集中都存在，可能会造成过拟合。

OpenAI公司于2019年2月首次发布GPT-2。然而，与GPT-1立即公布源代码不同，OpenAI最初拒绝公开发布GPT-2的源代码。OpenAI公司指出，这种保留是因为担心源代码被恶意使用。GPT-2可能会被某些人用于生成粗俗或带有种族主义的文本，或者垃圾邮件发送者可能会使用生成的文本规避自动过滤器，因为生成的文本通常是完全新颖的。

P. 124
由于这些担忧，OpenAI公司选择不发布GPT-2的完整训练模型，也没有在2019年2月的公告中详细说明其训练语料库。然而，由于早期出版物中有OpenAI公司描述的相关方法，且早期模型的底层代码是免费可用的,因此研究人员能够实现 GPT-2 的复制。OpenGPT-2 就是一个复制版本,于 2019 年 8 月发布。同时发布的还有一个名为 OpenWebText 的 WebText 免费许可版本。OpenAI 公司于 2019 年 8 月发布了 GPT-2 的部分版本,该版本有 7.74 亿个参数,大约是完整模型的一半大小,完整模型有 15 亿个参数。

OpenAI 公司表示,截至 2019 年 11 月,公司尚未发现模型被滥用的有力证据,因此于 2019 年 11 月发布了完整的具有 15 亿个参数的模型。

2020 年 5 月,OpenAI 公司发布了 GPT-3 模型。虽然其在架构上与早期的 GPT 模型相似,但具有更高的准确性,原因在于容量和参数数量的增加。GPT-3 使用了 2048 个词的上下文,前所未有地使用了 1750 亿个参数,需要 800 GB 的存储空间。该模型在许多任务上都能实现较强的零样本学习和小样本学习。

GPT-3 的训练使用了以下数据。

- 60%的数据来自 CommonCrawl 的过滤版本,包含 4100 亿字节对编码的词元。
- 22%的数据来自 WebText2,包含 190 亿个词元。
- 8%的数据来自 Books1 数据集,包含 120 亿个词元。
- 8%的数据来自 Books2 数据集,包含 550 亿个词元。
- 2%的数据来自维基百科,包含 30 亿个词元。

P.125 **注意** 截至本书撰写完成时，OpenAI 公司尚未披露 Books1、Books2 数据集的来源和内容。

GPT-3 的功能直接催生了"提示工程"这一概念的出现。

随着 GPT-3 模型的成功，OpenAI 公司发布了一系列可用于不同用途的 GPT-3 模型。

模型名	参数数量/亿
GPT-3（小）	1.25
GPT-3（中）——"Ada"	3.50
GPT-3（大）	7.60
GPT-3（XL）——"Babbage"	13.00
GPT-3（2.7 B）	27.00
GPT-3（6.7 B）——"Curie"	67.00
GPT-3（13 B）	130.00
GPT-3（175 B）——"DaVinci"	1750.00

2022 年 3 月，OpenAI 公司在其应用程序接口（application program interface，API）中发布了 GPT-3 和 OpenAI Codex 的新版本，这些版本具备编程和插入功能，它们分别被命名为 "text-davinci-002"和"code-davinci-002"。

Codex 是 GPT-3 模型的变体，经过微调可用于编程应用，能够解析自然语言并生成相应的代码。2023 年 3 月，由于软件社区对此提出了担忧，因此 OpenAI 公司关闭了对 Codex 的访问。他们主要的担忧在于,Codex 生成的代码片段是否会侵犯版权(特别是 GPL[①] 开源许可要求衍生作品必须在同等条件下获得许可),以及基于公共资源库的训练是否属于合理使用。P.126Codex 模型现在仅对 OpenAI 研究计划的人员开放使用。

2022 年 11 月,OpenAI 公司开始将 text-davinci 和 code-davinci模型称为"GPT - 3.5"系列的一部分。与此同时,他们发布了 ChatGPT,这是一个针对对话进行了微调的 GPT - 3.5 模型。ChatGPT 的特别之处在于,它允许用户将后续提示和回复作为上下文,来引导对话以生成所需内容。

2023 年 4 月,OpenAI 推出了 GPT - 3.5 系列模型的一个新变体,称为"联网 GPT - 3.5"。模型以其前身 text-davinci-002 和 code-davinci-002 的功能为基础,增加了访问和浏览在线信息的能力,从而能对用户查询提供更准确、最新的答案。联网 GPT - 3.5 模型于 2023 年 4 月向公众开放。

GPT - 3 标志着 GPT 系列从开源向专有模型的转变。2020 年 9 月,微软公司宣布已获得 GPT - 3 的独家使用许可。虽然其他人仍然可以使用公共 API 获取输出,但只有微软公司可以访问 GPT - 3 的底层模型。架构细节和训练使用的数据集尚未公开。

OpenAI 公司于 2023 年 3 月发布了 GPT - 4。OpenAI 公司已经展示了 GPT - 4 处理视频和图像输入的能力。然而,目

---

① 通常指 GNU general public license,这是一种广泛使用的自由软件许可证,可译为 GNU 通用公共版权。——译者注

前公众仍然无法访问这些功能。OpenAI 公司提供了 ChatGPT
Plus 订阅服务，可访问由 GPT－4 提供支持的 ChatGPT 版本。
微软公司的必应聊天平台也使用了 GPT－4。到目前为止，
OpenAI 公司拒绝透露有关 GPT－4 的任何技术信息，例如模型
的规模。然而，专家们推测，GPT－4 在 120 层中可能有大约1.8
万亿个参数，而且在 13 万亿个词元上进行训练。

P.127　　通过普及大语言模型及其功能，GPT 模型引发了有关模型
创建的竞争，对自然语言处理领域产生了巨大影响，同时这些模
型不断推动着人工智能的发展。

5.2　基于 Transformer 模型的双向编码器表示

2018 年，谷歌公司的雅各布·德夫林(Jacob Devlin)等研究
人员在论文《BERT：用于语言理解的深度双向 Transformer 模
型的预训练》("BERT：Pre-training of Deep Bidirectional Trans-
formers for Language Understanding")中引入了基于 Trans-
former 模型的双向编码器表示(BERT)。在短时间内，BERT
迅速成为最先进的自然语言处理实验的基准，有超过 150 份出
版物引用了该模型及其改进版本。

BERT 是仅包含编码器的 Transformer 模型。BERT 的创
新在于其能够从序列的前后两个方向捕获上下文，因此能够创
建与上下文高度相关的词表示结果。与早期的单向传统语言模
型(在给定前一个词的情况下预测下一个词)不同，BERT 通过

考虑句子中左右两边的上下文,来预测句子中缺失的词,因此能够更有效地捕获上下文中的细微差别。

　　BERT 在其预训练中使用了掩码语言模型训练目标。在训练过程中,句子中的随机词被掩码,模型基于周围的上下文来学习预测被掩码的词。双向特性使其能够有效地预测被掩码的词。BERT 的输入表示使用 WordPiece 分词器将文本分为子词单元(WordPieces)。这项技术有助于处理词库以外的词及分解复杂的词。BERT 引入了分段嵌入来区分文档或上下文中的不同句子。这种方法对需要理解句子间关系的任务(如问答任务) P. 128 特别有用。BERT 的输出嵌入是上下文相关的,也就是说它们捕获了与整个句子相关的每个词。这种上下文相关性有助于其在理解文本中的细微差别和相互关系方面表现出强大的性能。

　　原始的 BERT 模型有两种实现规模:

- BERT$_{BASE}$(基础版):包含 12 个编码器,12 个双向自注意力头,共 1.1 亿个参数。
- BERT$_{LARGE}$(大型版):包含 4 个编码器,16 个双向自注意力头,共 3.4 亿个参数。

　　基础版模型和大型版模型分别在多伦多图书语料库(8 亿个词)和英语维基百科(25 亿个词)上进行了预训练。

　　2019 年 10 月,谷歌公司宣布其已经开始在美国地区的英语搜索查询中使用 BERT 模型。2019 年 12 月,据报道,谷歌搜索已经对 70 多种语言采用了 BERT。2020 年 10 月,几乎每一个基于英语的查询都是通过 BERT 模型来处理的。

5.3 Pathways 语言模型

Pathways 语言模型（pathways language model，PaLM）是由谷歌公司开发的一款基于 Transformer 的大语言模型。该模型于 2022 年 4 月首次发布并保持私有状态，直到 2023 年 3 月才公开。在撰写本书时，部分开发人员已能够使用 PaLM 的 API，谷歌公司表示晚些时候会将其公开。

PaLM 的主体实现具有 5400 亿个参数。研究人员还针对不同的任务构建了两个较小版本的 PaLM 模型，分别有 80 亿和 620 亿个参数。PaLM 模型已在广泛的任务中证明了其能力，例如，常识推理、数学推理、笑话解释、代码生成和语言翻译。当与思维链提示（一种提示工程技术，使大语言模型将问题分解为一系列中间步骤，逐个解决，最后给出答案）相结合时，PaLM 在需要多步骤推理的数据集上，如词问题和基于逻辑的问题上，表现出显著的性能优势。

2023 年 1 月，谷歌开发了 PaLM 540B 模型的扩展版，称为 Med-PaLM。该模型针对医疗数据进行了微调，在回答医学问题方面优于以前的模型。Med-PaLM 成为第一个在美国医学执照考试上获得合格分数的人工智能模型。它不仅能够准确地回答多项选择题和开放式问题，而且能够提供推理，并能对自己的回答进行评估。

接着谷歌公司进一步扩展了 PaLM，使用视觉 Transformer

P. 129

模型创建了 PaLM-E,这是一种用于机器人操作的最先进的视觉–语言模型。

2023 年 5 月,谷歌公司发布了 PaLM 2。据报道,该模型有 3400 亿个参数,在 3.6 万亿个词上进行训练。

2023 年 6 月,谷歌公司发布了用于语音翻译的 Audio-PaLM,该模型采用了 PaLM – 2 架构及初始化方法。

5.4　大语言模型 Meta AI

大语言模型 Meta AI (large language model Meta AI, LLaMA)是由 Meta AI 从 2023 年 2 月起开发的大语言模型系列。Meta AI 是 Meta 股份有限公司(前身是脸书(Facebook))旗下的一个人工智能实验室。

第 1 版 LLaMA 有 4 个不同大小的模型,分别基于 70 亿、130 亿、330 亿和 650 亿个参数进行训练。LLaMA 的开发人员报告称,这种具有 130 亿个参数的模型在大多数自然语言处理基准测试上表现的性能超过了具有 1750 亿个参数的 GPT – 3。

2023 年 7 月,Meta 公司与微软公司合作,发布了 LLaMA P. 130 2。LLaMA 2 有 3 个不同大小的模型,分别有 70 亿、130 亿和 700 亿个参数。模型架构基本与 LLaMA 1 模型保持不变,但用于训练的数据增加了 40%。

与 GPT – 3 相比,LLaMA 有以下关键差异。

• LLaMA 使用的激活函数是 SwiGLU,而不是 ReLU。

- LLaMA 采用旋转位置嵌入，而不是绝对位置嵌入。

- LLaMA 使用了均方根层归一化（root-mean-squared layer-normalization），而不是标准层归一化。

- LLaMA 将上下文长度从 LLaMA 1 中的 2048 个词已增加到 LLaMA 2 中的 4096 个词。

与许多其他大语言模型不同的是，Meta 公司已经在非商业许可下向研究界发布了 LLaMA 的模型权重，因此其仍然是独家专有的。

5.5　小结

本章中讨论的只是大语言模型领域的一部分（其中一些最具影响力的工具）。因为部分模型是专有的，且非常新，所以关于其内部工作原理的细节较为匮乏。随着时间的推移，我们将会了解到更多信息。就目前而言，了解这些模型功能的最好方法是进行实验。人工智能模型库（如 HuggingFace）包含上述模型的官方或开源版本，并附有使用说明。

大语言模型是一个快速发展的领域，每天都有新的架构、改进和成果出现。大语言模型的全部能力有待我们进一步发掘。

第 6 章

挑战、机遇和误区

ChatGPT 的发布是人工智能领域的一个重要里程碑，不仅 P.131
因为其具有无与伦比的性能和推动技术边界的能力，还因为它
使公众产生了前所未有的兴趣。尽管人工智能技术几十年来一
直都在保持发展，但公众的这种热情却是前所未有的。

这股热潮不仅仅局限于技术爱好者、研究者，许多来自其他
技术、非技术领域的人士，以及媒体机构，都对人工智能表现出
浓厚兴趣。此外，ChatGPT 的功能向公众开放使用，帮助它成
为历史上增长最快的消费类软件应用。因此，大语言模型受到
了广泛认可，不同厂商在模型领域的竞争正逐渐白热化。

公众的这种广泛热情，以及媒体的不断炒作，使得人们对大
语言模型及其功能产生了一些误会和错误解读。因此，人们对
大语言模型和人工智能技术会有一些担忧，甚至在某些情况下
产生了恐惧情绪。

P. 132 大语言模型在某些方面引发了人们的合理关注，这些需要通过技术的进步和应用加以解决。然而，从当前人们对大语言模型所持的观点来看，一些流行的担忧很明显是不正确的。

在本书中，已经介绍了大语言模型的历史、理论、技术和各类实现方式。随着我们对大语言模型工作原理的理解，再来看看有关大语言模型的一些担忧、误解和机遇。

6.1 大语言模型与超人工智能的挑战

ChatGPT 及同类模型的能力令人们着迷。ChatGPT 能够进行类似人类的对话，并具备来自不同领域的大量知识，因此人们认为其具有超能力。虽然有许多人赞扬这种能力，并热衷于对其加以利用，但同时 ChatGPT 也给人们带来一种深层的恐惧：超人工智能导致的人类生存风险。

为了更好地理解这一点，我们先来看看人工智能的级别。

人工智能的级别

正如第 1 章所述，人工智能研究的目标是构建具有智能行为的机器。人工智能的级别指的是在人们实现这一目标的过程中人工智能的不同阶段或能力。这种级别的划分包括：从简单的、基于规则的算法，到某天可能在所有领域超越人类智能的机器。定义级别有助于澄清人工智能的能力、未来的发展潜力及理论上的性能。

以下是人工智能的主要级别。

1. 狭义人工智能或弱人工智能

P. 133

这种人工智能系统是为特定任务而设计和训练的。系统运行于一组预定义的规则或模型上,针对特定数据进行训练。

该系统有以下特征。

- 特定任务:在一项任务中性能良好,但缺乏通用性。
- 无意识:运行时不涉及理解、情感及自我意识。
- 需要输入:依赖人为定义的参数。
- 示例:图像识别软件、针对特定服务定制的聊天机器人,以及基于用户行为推荐视频或歌曲的算法。

2. 通用人工智能(artificial general intelligence,AGI)

通用人工智能具有理解、学习和执行人类所能完成的任何智力任务的能力,拥有接近人类的认知能力。

该系统有以下特征。

- 多功能:能够学习并擅长多种任务,而不仅仅局限于专门训练的任务。
- 学习和适应:可以在没有明确指令的情况下学习新任务。
- 概念理解:能够理解抽象概念,通过问题进行推理,并在不熟悉的情境中做出决策。
- 示例:目前尚不存在的理论概念,常见于科幻小说中。

3. 超人工智能(artificial superintelligence,ASI)

P. 134

超越人类智能的人工智能,不仅存在于特定任务中,而且存在于几乎所有领域，包括创造力、智力、解决问题的能力和社会智能。

该系统有以下特征。

- 优势：几乎在所有领域都超越了最顶尖的人类大脑。
- 自主决策：能够做出决策并设定自己的目标。
- 自我改进：具有循环自我改进的潜力，可以自主改进算法和结构。
- 示例：目前还不存在，仅存在于理论中。通常是科幻和哲学讨论的主题，因为它的实现可能会导致深刻的社会变革。

当我们讨论通用人工智能或者超人工智能时，需要考虑以下几个方面。

- 发展：需要注意的是，从弱人工智能发展到通用人工智能，再发展到超人工智能，不仅仅是规模的提升。就像自然语言处理从循环神经网络发展到 Transformer 一样，这种发展过程需要相关人工智能算法、理解和架构等基础研究的突破。
- 时间节点：何时（或者能否）实现通用人工智能或者超人工智能，专家们给出的预测大相径庭。一些人认为只需要几十年的时间，而另一些人则认为需要更长的时间，甚至可能根本无法实现。
- 伦理和安全问题：随着社会向更先进的人工智能形式迈进，伦理和安全方面的问题日益凸显。确保高级人工智能与人类的价值观相符，安全可控且不违背伦理，变得至关重要。

P. 135

随着关于人工智能的社会影响、伦理考虑和发展潜能的讨论越来越普遍,了解人工智能的级别非常重要。每个级别都有自身的挑战、机遇和影响。

超人工智能的出现可能会带来一些前所未有的机遇。

- 解决复杂问题:像气候变化、疾病甚至理论物理这样的难题都可以得到有效解决。
- 技术进步:在太空探索、医学、能源等领域可能会出现快速创新。
- 增强人类能力:通过脑机接口,人类可能会在某种程度上与人工智能相融合,增强自身的认知能力。

然而,除了这些潜在的机遇之外,还存在一些关于人类存亡风险的担忧。

超人工智能带来的人类存亡风险

人类存亡风险是指超人工智能威胁到智能生命存续或造成永久性急剧减少的风险。

以下是与超人工智能相关的人类存亡问题。

- 失控:一旦超人工智能系统的智慧全面超越人类,那么它的行 P.136 为将变得难以控制或预测。如果超人工智能能够循环自我完善,它可能会以我们无法预见或理解的方式迅速发展。
- 价值观偏差:如何确保超人工智能的价值观与人类保持一致是一项重大挑战。即使是很小的价值观偏离,也可能导致超人工智能的行为在技术上符合其设定目标，但却对人类有害。

- 资源竞争：超人工智能可能会认为人类所需的资源对实现其自身的目标有益，从而引发双方的竞争和潜在的冲突。

- 武器化风险：超人工智能可能会被用于战争或被恶意行为者使用，造成前所未有的破坏。

- 依赖性和技能退化：过度依赖超人工智能可能会导致人类失去基本技能，或对技术产生过度依赖。

- 伦理和道德问题：超人工智能做出的决策，特别是那些影响人类生活的决策，可能不符合人类的伦理和道德准则。

- 经济混乱：超人工智能可能会淘汰许多工作岗位，导致经济和社会动荡。

- 存在的不安：一个在所有领域的能力都超越人类的实体，可能会引发人类的不安全感，促使人类重新思考自身的存在意义。

P. 137　　除了这些担忧之外，还有人工智能本身的伦理问题：如果人工智能实现了超级智能，那么就会出现关于其权利和待遇的伦理问题。它应该被赋予人格吗？"关闭它"是否会被视为违反道德？

　　在实现超人工智能之前解决这个问题至关重要，因为将其研发出来之后，我们可能没有改正的机会。研究人员需要在人工智能的定位、安全协议和道德准则方面进行严格的研究。一些人工智能研究人员主张进行国际合作，以确保超人工智能的研发能够把安全置于速度之上。这样做的目的是保证超人工智能的实现将造福全人类，而不会伤害或危及人类的生存。

大语言模型适用的场景

由于当前大语言模型的能力已得到证明,因此许多人认为它们等同于超人工智能,进而担心前文所述的人类存亡风险。

然而这种担忧是被误导了,因为目前形式的大语言模型并不具备超人工智能的能力。虽然大语言模型代表了机器学习和自然语言处理领域的重大进展,但是大语言模型并不是超人工智能的例子。

事实上,目前的大语言模型甚至还没有达到通用人工智能的级别。

要使人工智能模型达到通用人工智能的级别,它需要能够理解、学习和执行人类所能完成的任意智力任务。这意味着人工智能至少需要在所有领域与人类的认知能力相匹配,才能将其视为通用人工智能。而要想被视为超人工智能,则需要在所有认知领域的能力上都十分出色。

目前的大语言模型是良好的语言模型,非常适合文本生成和理解。但除此之外,大语言模型不具备其他能力。

然而,我们可以将大语言模型视为迈向更先进的人工智能的必由之路。

以下是大语言模型帮助整个人工智能领域向前发展的方式。　P. 138

• 可扩展性的证明:大语言模型表明,随着模型的规模、数据和计算资源的增加,执行各种任务的性能往往会提高。这表明,在某种程度上使用现有技术进行扩展可能是实现更强大的人工智能系统的可行途径，然而尚不确定这样做是否能直接通往超人工智能。

- 迁移学习和泛化能力：大语言模型可以在不同的数据集上进行训练，能够在无须进行特定任务训练的情况下执行一系列任务，展示了迁移学习的潜力。跨任务泛化的能力是通用人工智能的一个重要方面，对于超人工智能来说也是如此。

- 更复杂系统的基础：虽然大语言模型主要用于文本生成和理解，但可以将类似架构的组件集成到更复杂的人工智能系统中，这些系统具有多模态功能（处理文本、图像、视频等）或者更高级的推理能力。

- 伦理和安全范例：大语言模型为研究与人工智能相关的伦理和安全问题提供了一个试验场。诸如人工智能存在的输出偏见、滥用的可能及指定行为的挑战等问题，在大语言模型层面就很明显。现在应对这些挑战，有助于为开发更先进的人工智能系统做好准备。

- 人机交互：大语言模型展示了人与人工智能协作的可能。通过使用大语言模型，可以更深入地了解人类和先进的人工智能系统在未来如何共存、协作及沟通。

P. 139   区分当前大语言模型的能力与超人工智能的理论能力至关重要。无论大语言模型有多大，都不具备意识、自我认知及在所有领域上超越人类的一般智能。大语言模型基于训练数据的模式运行，缺乏真正的理解或推理能力。

大语言模型存在的局限性和不足可以使人工智能研究人员了解当前技术与通用人工智能或超人工智能所期望的功能之间的差距。例如,大语言模型偶尔会有无意义的输出、容易受到对抗性输入的影响、无法深入思考复杂的主题,这些领域仍有待后续取得重大进展。

总之,虽然大语言模型距离超人工智能还很遥远,但大语言模型在人工智能研究领域发挥着作用,为进一步研究提供了借鉴,提出了重要问题,并突破了机器学习模型的知识边界。大语言模型被视为是宏伟拼图中的一块,能够在某些方面帮助人工智能研究界理解如何迈向更先进的人工智能。

6.2　误解与滥用

虽然我们目前还不需要担心人工智能接管世界,但对大语言模型存在的一些误解,可能会导致有意或无意的滥用。

以下是对大语言模型普遍存在的一些误解。

1.大语言模型能够理解内容

- 误解:大语言模型能够像人类一样理解其生成的文本。
- 现实:大语言模型无法"理解"内容。大语言模型根据训练数据中的模式来生成文本,但对所讨论的内容和概念缺乏深入或有意识的理解。

2.大语言模型是有意识或自我认知的

P. 140

- 误解:由于大语言模型具有先进的能力,因此是有意识或有自我认知的。

- 现实：大语言模型不是有意识的实体。大语言模型是在没有意识、情感或意图的情况下处理信息并生成输出的。

3.大语言模型总是能够生成正确的信息

- 误解：大语言模型的输出总是准确可靠的。

- 现实：大语言模型可能会生成不正确、有误导性或有偏见的信息，这一点取决于提示和训练数据的模式。

4.大语言模型是知识模型

- 误解：大语言模型掌握了众多领域的知识，因此我们可以将其作为知识模型使用。

- 现实：大语言模型只能达到其训练数据的水平，且只能从中学习语言关系。

5.大语言模型越大越好

- 误解：增大模型的规模总是会带来更好、更准确的结果。

- 现实：虽然较大的模型通常能表现出更好的泛化能力，但这种提升会逐渐衰减，并且还会出现其他问题，如计算成本的增加及可能会导致出现过拟合。

P.141

6.大语言模型能够创造新颖、先进的知识

- 误解：大语言模型可以创造或发现新的知识、理论或真相。

- 现实：大语言模型根据其训练数据来生成文本。大语言模型无法发明超越训练范畴的真正新颖的科学理论或知识。

7.大语言模型没有偏见

- 误解：大语言模型能够提供客观公正的信息。

- 现实:由于大语言模型是基于大量的互联网文本进行训练的,
  因此它们会继承这些数据中存在的偏见。

8.大语言模型可以取代所有的人类工作

- 误解:鉴于大语言模型具有文本生成功能,因此将取代所有与
  写作、客户服务等相关的工作。

- 现实:虽然大语言模型可以将一些任务自动化,但仍有许多工
  作需要人类的判断力、创造力、同理心和情境感知,而目前大
  语言模型缺乏这些能力。

9.大语言模型的响应是经过深思熟虑的,或得到其创建者的认可

- 误解:如果大语言模型生成了一个特定的陈述,那么这反映了
  其创建者或训练者的想法或意图。

- 现实:大语言模型基于训练数据的模式生成输出,并无意图。
  输出并不代表获得模型创建者的认可。

10.所有的大语言模型都是相似的

P. 142

- 误解:所有的大语言模型,无论其架构或训练数据,行为都是
  相似的。

- 现实:不同的模型、训练过程和微调会得到多样化的行为和
  能力。

　　理解这些误解十分必要,尤其是当大语言模型越来越融入
产品、服务和决策过程时。关于大语言模型能做什么和不能做
什么,进行恰当的教育和沟通对于负责任地使用大语言模型来
说至关重要。

　　研究人员还发现大语言模型可能会出现"幻觉"。大语言模型的幻觉是指模型生成的信息不准确、没有基于现实或者不存在于其训练的数据中的情况。从本质上讲，模型会"捏造事实"，或者提供的输出看似合理但并非是真实的。

　　使大语言模型出现幻觉的原因有以下几种。

- 基于训练数据进行泛化：大语言模型根据庞大的训练数据进行泛化，以回答查询或生成文本。虽然这种泛化在通常情况下是有用的，但有时会导致模型产生的输出不够严格准确。

- 缺乏基本事实：与其他一些有明确的"基本事实"或正确答案的人工智能模型（例如，对猫的图片进行标记的图片分类器）不同的是，大语言模型运行所基于的基本事实可能更为模糊。因此，这使得大语言模型难以始终生成"正确"的响应，尤其是当提示不明确时。

- 训练数据中的偏见和错误信息：如果模型的训练数据包含错误、有偏见或过时的信息，那么模型在输出时可能会复制甚至放大这些不正确的信息。

P. 143
- 过拟合或记忆：虽然像 GPT-3 这样的大语言模型是为了泛化而不是为记忆而设计的，但模型总是有可能"记住"并从训练数据中复制特定的模式、短语或信息片段，即使这些信息不准确或与提示不相关。

- 用户提示的影响：用户构建提示的方式会显著影响模型的输出。模棱两可或引导性的提示会增加模型出现幻觉的可能性。

- 缺乏外部事实核对机制：大语言模型根据其训练数据中的模式生成响应，但并不具备实时对照外部或最新来源进行事实核查的能力。

为了解决大语言模型的幻觉问题，研究人员和开发者使用了一些技术手段，如在更具体的数据集上进行微调、添加人工审核流程及构建外部验证系统来对输出内容进行交叉检查。

用户应当始终以批判的眼光看待大语言模型的输出，尤其是在使用这些模型完成需要高度准确或具有重大现实意义的任务时。

大语言模型的文本生成功能能够提供广泛的应用场景，但其强大的功能也为潜在的故意滥用制造了便利。以下罗列了一些可能发生滥用的领域。

- 虚假信息和假新闻：大语言模型能够生成可信但却完全虚构的新闻或故事，因此可能会被用来传播虚假信息、操纵公众舆论或制造政治不稳定。

- 模仿：当具有足够的关于某个人写作风格的数据时，大语言模型可以用来生成模仿这个人风格的信息或电子邮件，从而导致潜在的信息欺诈或传递错误信息。 P. 144

- 自动垃圾邮件和网络钓鱼：大语言模型可以制作高度个性化且令人信服的垃圾邮件，增加人们上当受骗的可能性。

- 有毒有害内容：如果控制不当，大语言模型可能会生成或放大有害、有偏见或具有攻击性的内容。

- 教育领域的舞弊：学生可能利用大语言模型自动生成论文、项目报告或问题的答案，破坏教育诚信。

- 内容创作领域的不公平竞争：大语言模型可以用于批量生成文章、博客帖子或其他书面内容，可能会使平台充斥着低成本的普通内容，使人类创作者失去立足之地。

- 深度伪造：深度伪造主要涉及视频领域，这些视频的脚本或对话可以由大语言模型生成，使其听起来更加可信。

- 股市操控：通过制造关于公司的假新闻或谣言，大语言模型可以被用来操纵股价，以获取经济利益。

- 数据泄露：用户可能会狡猾地询问大语言模型，以便从其训练数据中检索特定信息，这可能引发隐私泄露。

P. 145

- 社会工程学攻击：攻击者可以使用大语言模型来制作具有说服力的信息或叙述，诱骗受害者泄露个人信息或做出违背其利益的行为。

- 信息茧房：通过提供与用户现有喜好一致的内容（基于输入数据），大语言模型可以进一步将个人固化在信息茧房中，加剧信息鸿沟。

　　认识到这些潜在的滥用是建立保障措施的第一步。使用大语言模型的开发人员和平台应该意识到这些风险，并采取措施加以预防。例如，从安全的角度对模型进行微调、增加人工审查层级及制定安全负责的使用指南。

6.3　机遇

由于大语言模型具有先进的文本生成功能,因此给各领域都带来了大量的机遇。以下是一些示例。

1.内容创作辅助

大语言模型可以帮助作者产生灵感、构建内容结构,甚至撰写初稿。此外,大语言模型还可以辅助作者写诗、讲故事、写剧本及开展其他形式的创作,旨在对人类创作的内容进行补充,而非取而代之。

2.教育

P. 146

- 辅导:大语言模型可以针对不同学生对多门课程提供个性化的解释,帮助学生理解复杂的概念。
- 语言学习:大语言模型可以通过提供翻译、解释及会话练习来帮助语言学习者。

3.研究和信息收集

大语言模型可以对大量文本进行总结,生成文献综述,或者帮助研究人员从各种视角对主题进行探索。

4.商业应用

- 客户支持:大语言模型可以自动回答常见问题,或指导用户进行故障排除。
- 草拟电子邮件:大语言模型可以帮助专业人士起草结构清晰、表达准确的电子邮件或报告。

5. 编程和开发

给定一个可读的提示，大语言模型可以生成代码片段，甚至可以辅助调试。

6. 游戏

大语言模型可以为角色生成对话、创作动态故事情节，甚至可以基于文本描述来构建整个游戏世界。

P.147

7. 娱乐

大语言模型可以为电影创作对话、生成情节，或者辅助编剧。

8. 人机交互

大语言模型可以使用户和软件之间的交互变得更加自然，软件可以更好地理解并生成类似人类的文本。

9. 可访问性

大语言模型可以用于为需要陪伴或支持的个人开发高级聊天机器人，也可以帮助具有不同认知需求的个人将复杂的文本转换成更简单的语言。

10. 文化保护

在多样化的数据集上训练的大语言模型可以帮助人们保存、共享各种文化、语言和传统的知识，这些知识在网上可能不太常见。

11. 创意生成和头脑风暴

大语言模型可以帮助团队提出具有创造性的解决方案、产品名称及营销策略。

12.心理健康和幸福

尽管不能取代专业治疗,但大语言模型可以作为交互式记录工具,根据用户输入给出响应或意见。

虽然这些机遇令人兴奋,但如何负责任地使用大语言模型至关重要。确保生成的内容准确、符合人类价值观,且不会无意中传播带有偏见或错误的信息,这些都是基本要求。此外,在心理健康等领域,应谨慎使用大语言模型,并始终强调人类专业知识及进行干预的重要性。

P.148

6.4　小结

与任何新技术的引入一样,大语言模型也引发了一系列的担忧,使人们感觉到潜在威胁。这些担忧大多是源自不了解大语言模型的真实本质。然而,也存在一些合理的担忧。大语言模型的能力可能会被滥用(无论是有意还是无意),这一点会对我们的日常生活产生负面影响。随着大语言模型的技术变得日益普及,有必要了解这些风险并采取预防措施。

由于我们仍处于大语言模型时代的初始阶段,因此在不久的将来我们可能会发现围绕大语言模型出现的新机遇、新方法,以及新兴行业。

大语言模型是人工智能和人类创造力的一个里程碑。我们有责任正确、合理地使用大语言模型,确保技术的进步会给人类带来光明的未来。

索 引^①

---

① 位于索引词条中的数字是英文原书的页码,对应本书正文切口处的边码。——编者注

C

D